© 2001
Verlag Podszun-Motorbücher GmbH
Elisabethstraße 23-25, D-59929 Brilon
Herstellung Druckhaus Cramer, Greven
ISBN 3-86133-268-X

Titelfotos: Arnold Henscheid (oben links), Heinz-Herbert Cohrs (oben rechts), Michael Schauer (unten)
und Klaus Mayr (Rückseite)

Jahrbuch *2002*
Baumaschinen

■PODSZUN

Liebe Leserin, lieber Leser!

Vor Ihnen liegt die zweite Ausgabe des Jahrbuchs Baumaschinen. Wir freuen uns sehr, Ihnen wieder eine bunte Mischung unterschiedlicher Themen rund um das Hobby Baumaschinen anbieten zu können. Wir werden mitunter kritisch gefragt, warum wir das Buch „Jahrbuch" nennen, obwohl es in den meisten Beiträgen um Baumaschinen geht, die nicht in dem entsprechenden Jahr auf den Markt gekommen seien. Die Antwort: „Jahrbuch" heißt lediglich, dass das Buch jährlich neu erscheint. Wir entscheiden uns für Artikel, die wir für interessant erachten und legen dabei auch großen Wert auf die Aufbereitung historischer Themen. Für besonders hartnäckige Kritiker hier die Definiton des Begriffs „Jahrbuch" aus Brockhaus Deutsches Wörterbuch: „...jährlich herausgegebenes Buch mit Aufsätzen, Forschungsberichten, Bibliographien usw. über ein Wissensgebiet".

Dank gilt an dieser Stelle allen Autoren und Bildgebern, die in den letzten Wochen und Monaten mit Engagement und Tempo gearbeitet haben, damit dieses Jahrbuch rechtzeitig zur Frankfurter Buchmesse 2001 erscheinen kann. Ein technischer Hinweis: Namentlich gekennzeichnet sind lediglich Abbildungen, die nicht von den jeweiligen Verfassern der Artikel stammen.

Damit die Autoren dieser Ausgabe hier nicht nur als pure Namen "verewigt" werden, möchten wir sie in aller Kürze vorstellen. Heinz-Herbert Cohrs, Diplom-Ingenieur, lebt und arbeitet in Grube, im hohen Norden der Republik. Er schreibt als freier Journalist für verschiedene Fachpublikationen und hat mehrere Bücher zum Thema Baumaschinen verfaßt. In unserem Verlag sind von Heinz-Herbert Cohrs erschienen: „Berühmte Baumaschinen", „Cat & Zeppelin", „O&K Seilbagger-Prospekte" und „Caterpillar Bulldozer-Prospekte". Ebenfalls Diplom-Ingenieur ist Rainer Oberdrevermann, der in Erftstadt bei Köln lebt und nebenberuflich für Fachzeitschriften und Bücher publiziert. Michael Schauer lebt in Lippstadt. Er ist seit Jahren mit seiner Kamera in Sachen Schwertransporte und Baumaschinen rund um den Globus unterwegs und veröffentlichte kürzlich „Das Schwertransporte-Buch". Auch kein Unbekannter in der Baumaschinen-Szene ist Klaus Mayr, der für Fachzeitschriften schreibt. Er ist Tiefbau-Ingenieur, Baumeister, vereidigter Sachverständiger für Baumaschinen und lebt im österreichischen Attnang.

Ihnen, liebe Leserin, lieber Leser, wünschen wir viel Vergnügen mit dem Jahrbuch und nicht vergessen: das nächste Jahrbuch Baumaschinen, die Ausgabe 2003, ist im Oktober 2002 erhältlich. Falls Sie selbst einmal für das Jahrbuch zur Feder greifen möchten, seltenes Bildmaterial zur Verfügung stellen können, Kritik oder Anregungen anbringen möchten, schreiben Sie uns an untenstehende Adresse. Wir freuen uns auf den Kontakt mit Ihnen.

Ihr Redaktionsteam "Jahrbuch Baumaschinen"

P.S.

Sie können das Jahrbuch Baumaschinen in Buchhandlungen oder direkt beim Verlag auch abonnieren. Fordern Sie unser kostenloses Gesamtverzeichnis mit Büchern über Baumaschinen, Lastwagen, Autos, Motorräder, Traktoren und Feuerwehrfahrzeuge an: Verlag Podszun-Motorbücher, Elisabethstraße 23-25, D-59929 Brilon, Telefon 02961 / 53213, Fax 02961 / 2508, Email: verlag.podszun@t-online.de

Ponton-Hydraulikbagger

Spezialisten für's Nass

von Heinz-Herbert Cohrs

Besonders in den siebziger und achtziger Jahren verlangten die Erschließung industrieller Gebiete in Küstennähe sowie die immer größer werdenden Fracht- und Tankschiffe mit den damit einhergehenden Hafenerweiterungen nach wirtschaftlich einsetzbaren, leistungsfähigen Spezialhydraulikbaggern für Grabarbeiten unter Wasser.

Zwar galten Hydraulikbagger schon als universell einsetzbare Maschinen für Bauvorhaben aller Art, doch vor dem nassen Element mußten auch sie haltmachen. Aber gerade unter der Wasseroberfläche gab es mancherlei zu tun. So kam man – ausgehend vom Seilbagger-Oberwagen – auf die Idee, Hydraulikbagger auf Pontons zu setzen. Denn nur Bagger eignen sich dank ihrer Auslegerlängen für das Arbeiten und Graben unter Wasser. Andere Baumaschinen, die für jedes Arbeitsspiel ihre gesamte Eigenmasse bewegen müssen, benötigen für den Unterwassereinsatz aufwendige Abdichtungen und Fernsteuerungen.

Früher kamen bei der Naßbaggerei spezielle Seil-

bagger auf Pontons zum Einsatz. Die ersten mächtigen Pontonbagger wurden ab 1912 von den Amerikanern beim Bau des Panama-Kanals eingesetzt. Da damals Tieflöffelbagger noch fast unbekannt waren und Greifer für die Bodenverhältnisse nicht ausreichten, arbeiteten diese frühen Pontonbagger mit bis zu 13 m³ großen Löffeln.

Selbstverständlich handelte es sich damals nicht um modifizierte Baggeroberwagen, sondern um eigenständige Pontonbagger-Konstruktionen mit Dampfantrieb. So war der Ausleger beispielsweise über einen hohen Derrick oder A-Bock gelagert. Einer der von Bucyrus für den Panama-Kanal gebauten Pontonbagger war so gut, daß er – nach etlichen Umbauten – erst 1995 außer Betrieb gestellt wurde. Ein anderer der alten Pontonbagger wurde 1977 in eine Goldmine nach Kolumbien verkauft und versieht dort vielleicht noch heute seinen Dienst.

Der 1930 bis 1943 gebaute Typ 6 von O&K, ein 36-t-Bagger mit 0,8 m³ Löffelinhalt und 95 PS starker

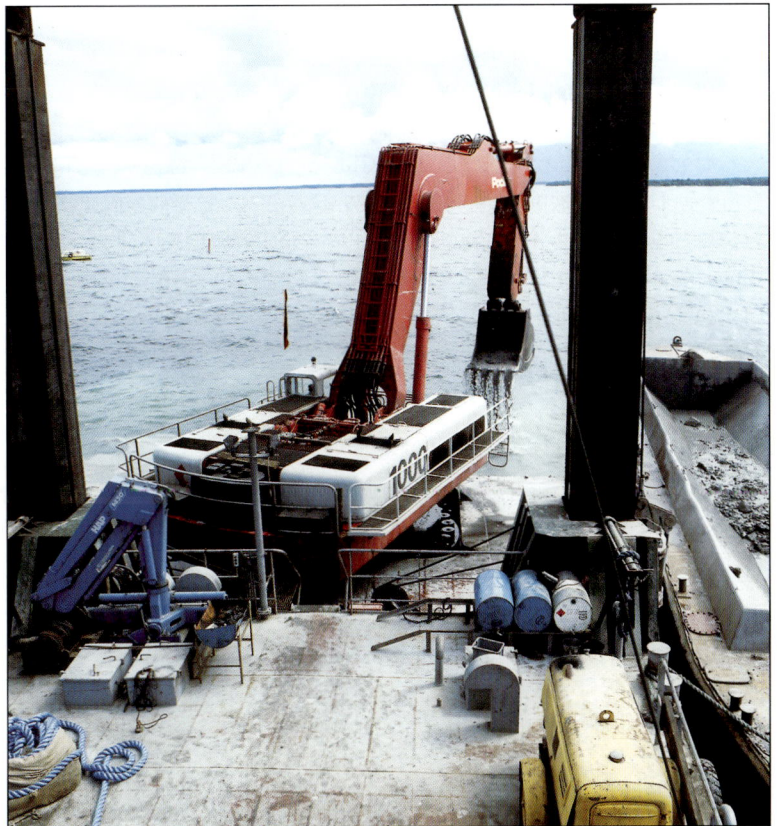

Als Pontonbagger eignen sich, von wenigen Ausnahmen abgesehen, nur die Oberwagen schwerster Hydraulikbagger wie hier ein Poclain 1000 F aus den siebziger Jahren. Der Oberwagen der Pontonbagger ist fest mit dem "Unterwagen", dem Schwimmkörper, verbunden und verfügt meist über besondere Ausstattungsmerkmale.

In welchen Wassertiefen große hydraulische Pontonbagger noch effektiv arbeiten können, lassen die Länge des Monoblockauslegers und Löffelstiels dieses Demag H 241 Aquadiggers beim Pipelinebau in Sibirien ahnen. Das um den Ponton schwimmende Treibeis der vom Bagger zerstörten Eisfläche vermittelt einen Eindruck vom harschen "Arbeitsklima" mit bis zu −50 °C im Winter.

Um 1915 wurden beim Bau des Panama-Kanals zur Beseitigung immenser Hangrutschungen von bis zu 24 Mio. m³ Erd- und Geröllmasse die ersten großen "Pontonbagger" eingesetzt. Die meist von Bucyrus konstruierten Bagger trugen bis zu 13 m³ fassende Hochlöffel und waren dampfgetrieben. Die "Pontons" mit rund 1570 t Wasserverdrängung konnten bei 44 m Länge und 13,4 m Breite korrekter als Baggerschiffe bezeichnet werden.

Dampfmaschine, konnte für die Naßbaggerei und Flußvertiefung bereits als Greif- oder Löffelbagger auf einem Ponton montiert werden. Herkömmliche Ponton-Seilbagger arbeiteten später meist mit Schleppschaufel oder Zweischalengreifer, seltener mit Tief- oder Hochlöffel.

Die modernen Hydraulikbagger verdrängten jedoch infolge der Vielzahl einsatztechnischer Vorteile die Seilbagger nahezu vollständig, auch von den Pontons. Seilbagger werden auch heute noch in der Naßbaggerei verwendet, aber nur in großen Ausführungen mit etwa 6 bis 35 m³ fassenden Zweischalengreifern, die leer allein 25 bis 120 t (!) wiegen und daher bestens in den Boden eindringen können.

Hydraulikbagger müssen bei Grab- beziehungsweise Wassertiefen von 50 bis 80 m natürlich passen, daher haben die Seilbagger noch immer ihre Daseinsberechtigung. Besonders Fahrwasservertiefungen außerhalb von Häfen, Fundamentbaggerungen für Molen und andere Bauwerke sowie sehr tiefe Verklappungsgruben verlangen nach wie vor den Einsatz von Seilbaggern, doch auch hier dringen die neuen, superschweren Hydraulikbagger vor, denn mit ihnen sind immerhin über 25 m Grabtiefe erreichbar. Wie unentbehrlich aber Ponton-Seilbagger sind, zeigt der 1987 auf den Namen Chicago getaufte Hochlö-

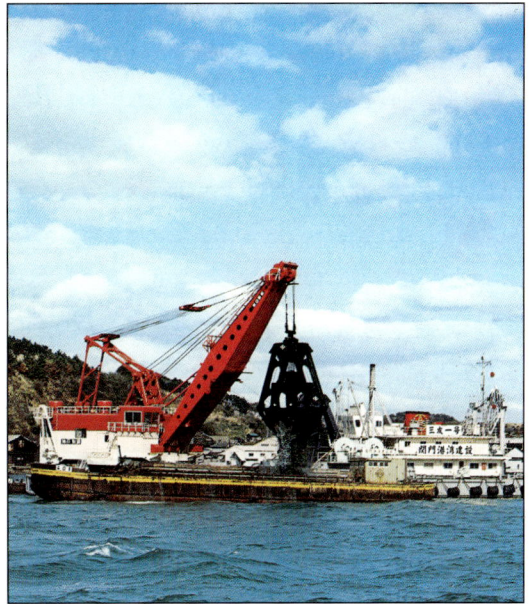

Vor der Ära der Hydraulikbagger übernahmen Seilbagger die Naßbaggerei. Für leichte Grabarbeiten wurden die Bagger mit riesigen Zweischalengreifern versehen, die sich schon dank ihrer Eigengewichte tief in den Fluß-, Hafen- oder Meeresgrund bohrten. Der von Kobe Steel aus Japan gebaute GE-1500 zog leer zwischen 72 und 120 t wiegende Greifer mit 35 bzw. "nur" 17 m³ Inhalt aus bis zu 80 m Wassertiefe herauf.

Dieser Manitowoc 4600 Serie-3 baggerte für einen Importkohle-Hafen im finnischen Tahkoluoto 480.000 m³ Felsgestein aus. Der am 20,7 m langen Hauptausleger und 6,7 langen Stiel angebaute 4,6-m³-Löffel erzeugte bei 19 m Grabtiefe beachtliche 87 t Reißkraft, ermöglicht durch die außergewöhnliche Derrick-Anlenkung des Baggeroberwagens und -auslegers auf dem 45,6 m langen und 15,2 m breiten Ponton. Die Spieldauer betrug durchschnittlich 90 Sekunden.

Bis heute ist der auf den Namen "Chicago" getaufte Hochlöffel-Seilbagger von Harnischfeger der größte Pontonbagger der Welt. Der mehr als 1000 t wiegende Oberwagen eines Elektro-Hochlöffelbaggers P&H 5700 wurde auf ein 68 m langes und 23 m breites Baggerponton gesetzt. Mit Greifern von 23, 31 oder 38 m³ Inhalt belädt der Bagger Schuten von 4600 m³ Fassungsvermögen. Auf Stelzen kann bis zu 24 m tief, verankert sogar bis 49 m tief gebaggert werden.

Wird der Gittermastausleger des 9578 PS starken P&H 5700 der "Chicago" abgebaut, kann der Pontonbagger mit einer mächtigen Hochlöffelausrüstung arbeiten und aus bis zu 24 m Tiefe Fels lösen. Die Löffel haben für vorgebohrten und gesprengten Fels 23 m³ und für gewachsenen Fels oder Gletscher-Findlinge 14 m³ Inhalt.

fel-Seilbagger von Harnischfeger. Ein über 1000 t schwerer Oberwagen eines Elektro-Hochlöffelbaggers P&H 5700 wurde auf ein 68 m langes Baggerschiff montiert und eignet sich für den Betrieb mit 38-m³-Zweischalengreifer oder 14- oder 23-m³-Hochlöffel. Der Chicago soll im Großen-Seen-Gebiet, in nordamerikanischen Flüssen und Häfen sowie internationalen Gewässern Fahrrinnen ausbaggern und vertiefen.

Hydraulikbagger arbeiten effektiver

Weil häufig harte oder bindige Böden, toniger Mergel mit Gesteinseinschlüssen oder sogar Kalkstein zu lösen sind, eignen sich für viele Naßbaggerprojekte weder Eimerketten- noch Schneidkopfsaugbagger. Derartige Schwimmbagger erzielen zwar in sandigen, schwachbindigen Böden dank ihrer kontinuierlichen Arbeitsweise sehr hohe Förderleistungen. Gehen die Arbeiten jedoch in festeres Material, verringert sich die Fördermenge beträchtlich, und Fels kann überhaupt nicht abgebaggert werden.

Noch vor rund 30 Jahren war man bei solchen problematischen Einsätzen auf Seilbagger angewiesen. Dies hatte jedoch gegenüber den heute verfügbaren Hydraulikbaggern mehrere gravierende Nachteile:
■ Der Baggerführer konnte das am Seil hängende Grabgefäß unter Wasser nicht mehr sehen, somit die exakte Position nicht mehr feststellen
■ bei starken Strömungen und ab bestimmten Wassertiefen mußte außerdem das Abtreiben des Grabgefäßes in Kauf genommen werden – genaues Arbeiten war deshalb nicht möglich
■ die Förderleistungen sanken bei manchen Einsätzen auf ein nicht mehr wirtschaftliches Minimum.

Der hydraulisch betätigte Tieflöffel moderner Bagger ist dagegen unvergleichlich präziser ansetzbar, besonders, wenn spezielle Kontrollvorrichtungen die Position des Löffels unter Wasser in der Kabine anzeigen. Bei seilbetriebenen Geräten war dies unmöglich. Auch die Reiß- und Losbrechkräfte der Großhydraulikbagger sind erheblich höher als die von Seilbaggern, zudem sind ihre Ladespiele deutlich schneller.

Die vielseitiger als Schwimm- und Seilbagger einsetzbaren Ponton-Hydraulikbagger übernehmen daher Aufgaben im Küsten- und Inselschutz, bei unterhaltenden Wasserbaumaßnahmen, bei Hafen- und Flußvertiefungen und auch im "Grenzbereich" bei

Der erste große "Aquadigger" von Demag und Ende der siebziger Jahre größter Pontonbagger der Welt war der H 241 mit überlangem Monoblockausleger und Löffelstiel. Der Bagger läutete die Ära der Großhydraulikbagger auf Pontons ein und trug maßgeblich zur Verdrängung schwerster Ponton-Seilbagger bei.

Der erste Großhydraulikbagger R 991 von Liebherr "landete" nicht auf Raupen, sondern 1977 auf einem 33 m langen Ponton. Der auf den Namen "Lübeck 77" getaufte Pontonbagger baute mit seinem 3,6-m³-Löffel einen Abschnitt der Trave auf 60 m Sohlenbreite und 9,5 m Fahrwassertiefe aus. Unglücklicherweise knickten wegen der hohen Baggerreißkräfte im zähen Beckenton gleich zu Baubeginn nach nur 7 Löffelfüllungen beide Stelzenbeine ab. Die 3 m tief im Grund steckenden, bei der Pontonwerft nicht ausreichend verschraubten Stelzen mußten von einem 200-t-Schwimmkran geborgen werden.

Gleichgültig, ob Fels, Schlamm oder Sand gebaggert wird, stets muß der Baggerlöffel auch eine Menge "schweren" Wassers mit ans Tageslicht befördern. Durchlöcherte Löffel eignen sich nur begrenzt, da das abströmende Wasser auch Sand und Schlamm mit aus dem Löffel spülen würde.

Deutlich sichtbar sind die Kolbenstangen der Hubzylinder für die beiden Bugstelzen des Pontons dieses Demag H85 Aquadigger. Der Bagger wird für die Vertiefung von Hafenfahrwassern verwendet. Die Kabine ist – wie bei vielen Ponton-baggern – vergrößert.

Bei der Mehrzahl der Baggerarbeiten tauchen die Löffelstiele und Monoblockausleger weit in die Fluten ab, um vom Meeres- oder Flußboden Sand, Schlamm, Geröll, Gestein oder Fels zu lösen. Die Ladespiele, hier beim Poclain 1000 F, dauern deshalb länger als "an Land".

Der Poclain 1000 F (gegenüber der Serienbezeichnung CK der Raupenbagger wies das F auf einen Naßbagger) baggerte in der finnischen Hafenstadt Rauma mit seinem 5 m³ großen Tieflöffel zur Fahrrinnenvertiefung 40.000 m³ Sand und 50.000 m³ Granit-Gletschergeröll. Zum Aufbringen größter Reiß- und Losbrechkräfte wurde der Löffelstiel kurz gehalten.

Hier baggert ein 83 t wiegender Caterpillar 375 bei der Vertiefung des Nord-Ostsee-Kanals mit seinem 3,5 m³ fassenden Greifer insgesamt 600.000 m³ Mergel- und Kleiböden aus Schuten. Die Bodenplatten der vorderen Kettenglieder wurden demontiert.

So einfach ist das "Deckschrubben"! Bei Schwenken des Greifers schlammt der Laufsteg entlang der Schutenseite durch tropfenden und spritzenden Schlamm kniehoch ein, wird gefährlich rutschig und kaum noch passierbar, wenn die Schute abfahren kann und es heißt: "Leinen los!" Deshalb sind solche drastischen Säuberungsaktionen regelmäßig nötig.

Uferbefestigungen und -begradigungen. Sie heben sogar Pipelinegräben und Schächte für Flußtunnel und Molenfundamente aus.

Pontons müssen vielfältigen Belastungen standhalten

Pontons, die als Schwimmkörper für die schweren Oberwagen der Hydraulikbagger dienen, müssen die zeitweise extrem hohen Grabkräfte aufnehmen. Dabei sind sogar konstruktive Maßnahmen gegen ein mögliches Umschlagen infolge starker Momente erforderlich. Außerdem wirken beträchtliche Beschleunigungs- und Verzögerungskräfte während des Schwenkens vom Baggeroberwagen und ständige Schwerpunktverlagerungen durch die Baggerbewegungen und schweren Löffelfüllungen, so daß ein Ponton für einen Baggeroberwagen für etwa 10 m Grabtiefe um die 400 t Eigenmasse, für 20 m Grabtiefe sogar etwa 800 t aufweisen kann.

Der bauliche Aufwand für ein Baggerponton ist recht unterschiedlich. Im einfachsten Fall werden ehemalige Frachtkähne mit entferntem Achterschiff, neuem Heck und angeschweißten Baggerhalterungen verwendet. Als Schwimmkörper für sehr schwere Baggeroberwagen werden jedoch meistens aufwendige Spezialpontons gebaut, die mit dem Oberwagen eine harmonische Einheit bilden sollen.

Die schwierige Stabilisierung der Pontons übernehmen in Wassertiefen von mehr als 20 m zumeist Anker und Winden, bei geringeren Wassertiefen reichen drei Stelzen in Anordnung einer statisch bestimmten Dreipunktabstützung. Selten werden Pontons mit nur zwei Stelzen versehen. Die Stelzen sind über Seilzug, mit Zahnstange oder, wie inzwischen üblich, hydraulisch höhenverstellbar.

Mehrteilige, durch Schraubverbindungen der jeweiligen Wassertiefe anzupassende Stelzen erwiesen sich als zu schwach und scherten ab, wenn Bagger mit dem Tieflöffel höchste Reißkräfte erzeugten. Die Stelzen, ihr durchschnittlicher Bodendruck

Große Baggerpontons mit 20 bis 40 m Länge wiegen 600 bis 1200 t, denn sie müssen eine ausreichende Stabilität beim Schwimmen aufbringen, um die schweren, sich im Schwerpunkt stets verändernden Baggeroberwagen sicher tragen zu können. Für den Baggereinsatz reicht dies jedoch nicht, denn dann müssen die Stelzen die verursachten Kräfte aufnehmen und in den Untergrund leiten.

Zwei Liebherr-Baggeroberwagen P 984 Litronic wurden mit einer elastischen Lagerung auf Stelzenpontons montiert und vertieften den Main zwischen Steinbach und Rothenfels auf 2,9 m. An einem 8,8-m-Ausleger war ein 4,6-m-Löffelstiel mit 4 m³ großem Speziallöffel angeordnet. Um die Kabine ausreichend zu vergrößern, wurde ein zweites Kabinenmodul neben die Standardkabine gesetzt.

Zu Lande, zu Wasser und auf der Straße

Bisweilen bescherte uns die Entwicklungsgeschichte der Baumaschinen ziemlich ungewöhnliche, oft einmalige Konstruktionen. 2-Wege-Bagger sind als vielseitige Baumaschinen bekannt, die sowohl über Straße und Gelände als auch auf Schienen fahren können. Ein etwas anderer "2-Wege-Bagger" begegnet uns in Gestalt eines aufgeblasenen Minibaggers auf einem Stelzenponton...

Die britische Firma Smalley Excavators aus Lincolnshire begann bereits Ende der sechziger Jahre mit dem Bau der heute üblichen Minibagger und folgte dieser Tradition beharrlich. Ende der achtziger Jahre entwickelte Smalley einen neuartigen Amphibien-Kleinbagger, den Typ 6808. Das Besondere an diesem Pontonbagger war seine Fähigkeit, sich nicht nur im Wasser, sondern als echte Amphibienmaschine auch auf dem Lande bewegen zu können – wenn dies auch recht monströs und unbeholfen aussah...

So trickreich – und ohne Kran - konnte sich der Smalley-Amphibienbagger selbständig von einem 3-Achs-Lkw auf- und abladen.

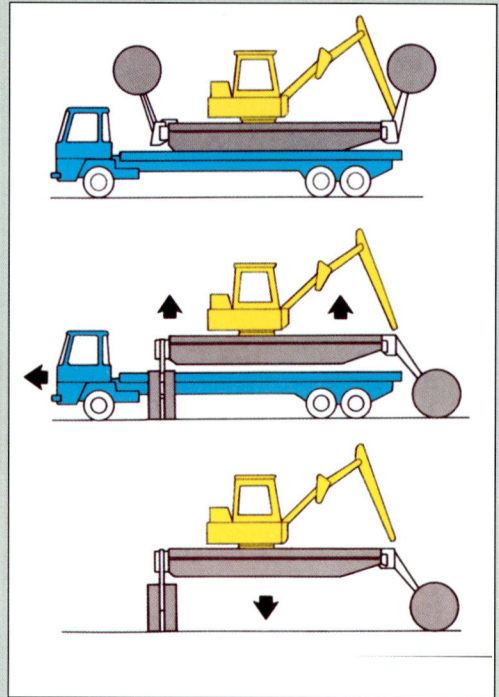

Der beim Transport 8,9 m lange und 6 t schwere Amphibienbagger traf am Flußufer ein, hier ausnahmsweise auf einem Tieflader und nicht auf einem Lkw.

Der Smalley-Amphibienbagger setzte sich aus einem speziellen Baggeroberwagen und einem dreibeinigen Ponton zusammen. Die Beine endeten jeweils in einem Paar je 0,3 m breiter Rollen mit 1,3 m Durchmesser. Mit zwei vorderen, unabhängig voneinander hydraulisch in allen Richtungen beweglichen Beinen und einem vertikal und zur Richtungsänderung schwenkbaren hinteren Bein wurde eine stabile Drei-Punkt-Abstützung mit weiter Ausladung erzielt. Rollen, Achsen und andere Bauteile oder Beine waren aus rostfreiem Stahl gefertigt.

Zwischen den Einsatzorten konnte der im Transportzustand 8,9 m lange Amphibienbagger auf einem normalen 3-Achs-Lkw transportiert werden, ohne daß ein Kran, Tieflader oder andere Hilfsausrüstungen erforderlich gewesen wären. Die Beine konnten hydraulisch so weit gesenkt werden, daß immerhin 2 m Freiraum unter dem Ponton das Rückwärtsunterfahren des Lkw erlaubte. Bei der Ankunft am Einsatzort wurde der Amphibienbagger in umgekehrter Folge vom Lkw abgeladen.

Auf dem Land wie im Wasser bewegte sich der Smalley 6808 mit Unterstützung von Ausleger, Stiel und Löffel durch Ziehen und Schieben vorwärts. Die Bewegungsrichtung wurde durch die schwenkbaren Rollenpaare bestimmt.

Der Amphibienbagger konnte in Wassertiefen bis 3,5 m auf den "Rollenbeinen" arbeiten, in tieferem Wasser oder bei höheren Geschwindigkeiten im Wasser konnten die Rollen zur Pontonstabilisierung zusätzlichen Auftrieb geben, zudem wurde ein Außenbordmotor montiert.

Bei engen Durchfahrten, beispielsweise unter Brücken, wurden die zwei vorderen Beine innerhalb der Pontonbreite eingeschwenkt.

Der Smalley 6808 kletterte nach getaner Arbeit mit eigener Kraft aus dem Wasser. Zusätzlich war aber auch eine Winde vorhanden, mit der der Amphibienbagger sich aus dem Wasser, auf einen Lkw oder, bei angehängtem Anker, auch im Wasser vorwärtsziehen konnte. Für den Antrieb sorgte ein luftgekühlter Lister TL-3-Dieselmotor mit 46 PS Leistung. Der 2,59 m breite und 6 m lange Ponton war aus Spezialstahl hergestellt und mit einem schwarzen Bitumen-Schutzanstrich bis zur Wasserlinie versehen. Ein flacher Boden, keinerlei Ruder oder Propeller gewährten ein beschädigungsfreies Arbeiten. Sogar in steinigen Gewässern, in Schlamm und Sümpfen konnte gebaggert werden.

Bei 0,2 m³ Löffelinhalt, 3,5 m Grabtiefe und 3,2 m Reichweite vor Pontonvorderkante sowie 4,5 m vor Pontonseitenkante wog der Amphibienbagger etwa 6 t. Mehrere der Geräte befanden sich in der Wasserwirtschaft und bei privaten Unternehmen im Einsatz. Dennoch war das Konzept wohl zu speziell und der Bagger samt Ponton zu unhandlich, so daß der Amphibienbagger keine allzu große Verbreitung erlangte.

Überproportional mächtig wirkt der auf 2 m Höhe hydraulisch hochgewuchtete Ponton in Relation zum kleinen Oberwagen mit 0,2 m³ fassendem Tieflöffel.

Ein Bagger geht auf Tauchstation? Nein, ganz so weit kletterte der Smalley-Pontonbagger die Böschung auf seinen Stelzenrollen doch nicht hinab. Wenn das Klettern mit Hilfe des Tieflöffels nicht ausreichte, wurde eine bordeigene Winde in Betrieb genommen.

Wie auf seiner eigenen kleinen Insel thronte der Smalley-Oberwagen auf dem Amphibien-Ponton, hier bei Baggerarbeiten zur Flußvertiefung in beträchtlicher Strömung.

Viele Pontonbagger verfügen über automatische Schwenkbegrenzungen, damit der Ausleger nicht durch Unachtsamkeit vom Baggerführer gegen die beiden Bugstelzen geschwenkt werden kann. Weitere Begrenzungen und Endschalter verhindern das Bewegen des Löffels von unten gegen den Pontonrumpf, denn trotz Schottbauweise könnte dann ein Pontonbagger schnell in den Fluten verschwinden...

beträgt etwa 10 N/cm², saugen sich während des Baggerns durch die ständigen Vibrationen oft im weichen Fluß- oder Meeresboden fest und sind dann kaum noch zu lösen und einzuziehen.

Deshalb führen in neueren Baggerpontons Spülleitungen für 10 bar Wasserdruck zu den Stelzenfüßen herab, mit denen festgesogene Stelzen schnell zu befreien sind. Bei sehr großen Pontons sind die hohen Stelzen zum Unterfahren von Brücken kippbar angeordnet. Einige große Pontons sind in der Lage, mit Hilfe einer beweglichen Stelze zu schreiten: Sie können sich so während des Baggerbetriebes über

begrenzte Distanzen aus eigener Kraft ohne Inanspruchnahme von Schlepphilfe bewegen.

Dazu ist die Bugstelze in einem Schlitten um mehrere Meter hydraulisch längsverschiebbar oder in einem Gelenk in Längsrichtung schwenkbar ausgelegt. Werden nun die beiden Heckstelzen und die in der Längsachse veränderliche Bugstelze wechselweise angehoben, schreitet der Ponton langsam vor- oder rückwärts. Für einen Schreitvorgang über 3 bis 5 m werden etwa 2 bis 3 min benötigt.

Bei aufwendigen, modernen Pontons sorgt eine Kontrollvorrichtung des Tidenhubs für den automatischen Tiefenausgleich der Stelzen, so daß das Personal auch bei ansteigendem Wasserstand die Stelzen nicht nachregulieren muß. Es gibt sowohl Pontons mit eigener Bordhydraulik als auch mit vom Baggeroberwagen versorgter Hydraulik. Eine erhöhte Pumpenleistung und ein vergrößerter Hydrauliktank sind hierfür meistens unumgänglich. Unbedingt vorhanden sein muß eine Hilfshydraulik für Notfälle, mit der die Winden und Stelzen des Pontons trotz Ausfall der Oberwagenhydraulik arbeiten können.

Speziell für den Baggereinsatz konzipierte Pontons werden auf Längs- und Rahmenspanten gebaut, teilweise mit mehreren wasserdichten Querschotten, wobei die einzelnen Segmente getrennt gelenzt und ballastiert werden. Das ist vornehmlich bei den hochseetauglichen Baggerpontons von Bedeutung. Elektrische Verholwinden mittschiffs auf jeder Seite, häufig zwei oder mehr 0,5 bis 1 t schwere Anker zählen zur Standardausrüstung der Baggerpontons.

Ein Caterpillar 245 bei Merzig-Mechern auf der Saar. Der fest auf dem Ponton angeordnete Oberwagen wurde mit spezieller Laufbühne und "Reling" ausgerüstet.

Wie bei Seilbaggern werden auch bei den hydraulischen Pontonbaggern Hochlöffel im Vergleich zu Tieflöffeln nur sehr selten eingesetzt. Dieser O&K RH 75 mit weit hochgesetzter Kabine arbeitete in den Niederlanden in relativ flachen Gewässern zur Vertiefung von Hafeneinfahrten, so daß seine Ladeschaufel ausreichende Grabtiefen erzielte.

Sind Ausleger und Löffelstiel zur Hohlraumkonservierung nicht ausgeschäumt, dringt Wasser ein und strömt beim Anheben in hohem Bogen aus Entwässerungsbohrungen heraus. Die Oberwagen der Pontonbagger haben seewasserdichte und -beständige Hydraulikzylinder sowie abgedichtete Bolzen und Büchsen aller Lagerstellen.

Dieser Poclain 300 F gehörte zu den kleineren Pontonbaggern. Er lud hier grobstückiges Felsmaterial zur Verklappung in eine längsseits verzurrte Schute. Der Monoblockausleger ist gegenüber der Serienversion länger. Das aufspritzende Wasser zeigt, daß der Baggerführer schwungvoll arbeitete...

O&K RH 75 mit 15 m langem Monoblockausleger für Arbeitstiefen von 9 bis 12 m bei der Vorbereitung einer Ölbohr-insel-Baustelle an der Westküste Schottlands. Die drei tiefenverstellbaren Stelzen verleihen den Pontonbaggern eine statisch bestimmte und daher sichere Dreipunktabstützung.

Marion 3560B mit 18 m³ großen Tieflöffeln beim Bau des Kansai-Flughafens nahe der japanischen Stadt Osaka. Die 1524 PS starken Bagger konnten sich auf 93 m langen Pontons auf Schienen bewegen, um 2160 m³ fassende Schuten zu entleeren.

Ein Demag H185S Aquadigger am Potsdamer Platz in Berlin 1994 beim Bodenaushub. Zuvor wurden die Baugruben mit rund 8500 HSP-Stahlspundwänden und Kastenpfählen von Hoesch gesichert. Das Aushubmaterial wurde umweltfreundlich mit Schuten aus der Stadt gebracht.

Ein Liebherr P 982 (P steht für Pontonbagger) hob aus der Marne bei Paris mit einem 2,1 m³ fassenden Reißlöffel 75.000 m³ Felsgestein aus 7 bis 16 m Tiefe aus. Später wurden in die gebaggerten Gräben vorgefertigte Tunnelsegmente für eine neue Autobahn-Umgehung abgesenkt.

Die Oberwagen der Liebherr-Bagger R 995 und R 996 gehören mit entsprechenden Ponton-Unterteilen zu den größten Naßbaggern der Welt. Gegenüber der Standardversion mit Ladeschaufel oder Tieflöffel wurde die Kabine erhöht angeordnet. Der Mann an der Kabinentür veranschaulicht die Dimensionen dieses Pontonbaggers.

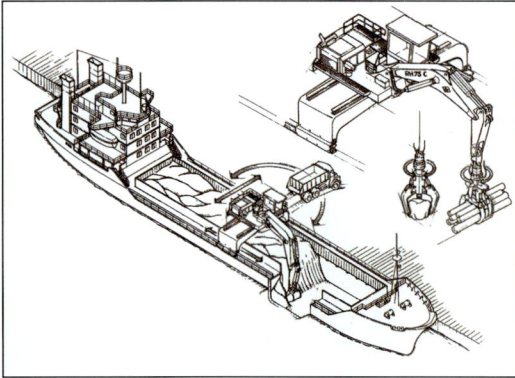

Nicht unbedingt ein Pontonbagger, dennoch ein schwimmender Baggeroberwagen: Die Schiffstechnik des ehemaligen Lübecker O&K-Werkes, der LMG (Lübecker Maschinenbau-Gesellschaft), konzipierte zur Schiffsentladung ein schienenverfahrbares Portal, auf dem ebenfalls seitlich verfahrbar der Oberwagen eines O&K RH75 angeordnet ist. Unterschiedliche Ausrüstungen wie Tieflöffel, Steinzange oder Stammgreifer waren anzubauen.

Das meist zylindrische Fundament zur Aufnahme des Baggeroberwagens ist im Ponton zwischen Deck und Boden eingeschweißt. Die eigentliche Lagerung muß schockabsorbierend ausgeführt sein, um den Ponton vor hohen Kurzzeitbelastungen zu schützen. Die elastischen Lagerungen, beispielsweise mit Gummi-Metall-Elementen, sind seewasserbeständig. Vereinzelt werden Baggerpontos in Sektionsbauweise konstruiert, um den Überlandtransport zu erleichtern.

Da hydraulische Pontonbagger für langfristige Bauvorhaben gedacht sind, müssen entsprechende Einrichtungen für die Besatzung – bis zu 12 Mann – vorhanden sein. Wegen der unvermeidlichen Schwingungen werden die Kabinen in einem elastischen Teil des Deckshauses vibrations- und schallgeschützt angeordnet. In Abhängigkeit von der zu erwartenden Dauer der Einsätze befinden sich auch Küche und Messe, Vorratsraum, WC, Sanitäranlagen und Lager-

Oft unterscheiden sich die Oberwagen der Pontonbagger erheblich von ihren Brüdern auf konventionellen Raupenunterwagen. Bei diesem Demag H 121 wurde 1987 die Kabine für umfangreiche Kontroll- und Überwachungssysteme fast auf das Doppelte verbreitert, was dem Bagger ein ungewöhnliches Erscheinungsbild verleiht. Zudem verfügt die Kolbenstange des Löffelzylinders über eine Schutzvorrichtung.

Der 12,6 m lange Monoblockausleger des Poclain 1000 F konnte mit 4,5, 7,75 oder 9,7 m langen Löffelstielen für 6, 8, 5 oder 4 m³ Löffelinhalt ausgestattet werden. Die Baggertiefen reichten dann von 12,8 bis 18 m, wobei sich die maximale Hubkraft beim längsten Stiel trotz der Baggergröße auf nur 11,3 t reduzierte. Zwei Deutz-Motoren mit zusammen 780 PS trieben den 1000 F an.

räume im Deckshaus, bei modernen Pontons oft voll-klimatisiert.

Die Kommandostände der Pontons sind mit reichhaltiger Elektronik angefüllt. Dazu zählen nicht nur Funk, Radar, Telefon und Fax, sondern auch Trisponder zur Positionsbestimmung und Echolot-Profilographen für Künettenvermessung. Dank satellitengestützter Navigation mit GPS (Global Positioning System) werden heute viele Naßbaggerarbeiten wesentlich vereinfacht und beschleunigt.

Normale Baggeroberwagen reichen nicht

Die Serienbaggeroberwagen müssen wegen der in der Naßbaggerei vorherrschenden Einsatz- und Umgebungsbedingungen in mancherlei Hinsicht modifi-

ziert werden. Bei seegängigen Pontons sind Schutzmaßnahmen gegen aufspritzendes, salzhaltiges Seewasser vorzunehmen. Die Unterseite der Oberwagen ist abgedichtet, Hydraulikventile und andere Komponenten werden durch Spezialbeschichtungen geschützt.

Außerdem füllt man die Vorderteile der zumeist verwendeten Monoblockausleger und die Löffelstiele mit Schaum zur Hohlraumkonservierung, damit weder Fluß- noch Seewasser eindringen kann. Bereits in der Konstruktionsphase der Oberwagen müssen seewasserdichte und -beständige Hydraulikzylinder, sorgsam abgedichtete Bolzen und Büchsen der Lagerstellen von Ausleger, Löffelstiel und Tieflöffel sowie rostfreie Leitungen für die Zentralschmierung eingeplant werden.

Drei dieser Demag H 241 Aquadigger namens "Baikal" wurden für den Pipelinebau nach Sibiren geliefert. Durch den langen Ausleger für 23,8 m Grabtiefe verringert sich der Löffelinhalt zwangsläufig auf nur 2,5 m³ Inhalt. Stündlich konnten aus 10 m Tiefe etwa 150 m³, aus 23 m Tiefe etwa 100 m³ gefördert werden. Hier befand sich der Pontonbagger mit seinen drei 33,6 m langen Stelzen 1983 beim Testeinsatz in der Donau bei Linz.

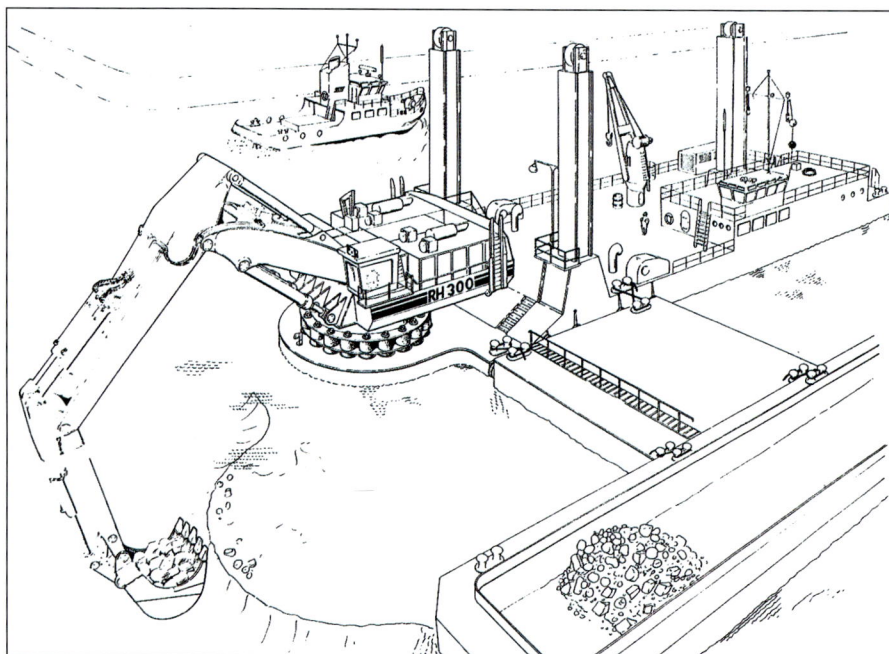

Eine Prospektzeichnung aus dem Jahr 1983 zeigt, daß der Oberwagen des 475 t schweren und 2380 PS starken RH300 von O&K ebenfalls als Pontonbagger vorgesehen war. Wegen der großen Baggertiefe und deshalb weiten Ausladung sollte ein seitlich verzurrter "Abstandhalter" für die nötige Distanz zu den Schuten sorgen.

Eine Zentralschmierung ist standardmäßig, denn erstens sind einige Schmierpunkte im Auslegerbereich weder vom nicht vorhandenen Boden noch vom Oberwagen aus erreichbar, und zweitens befinden sich Pontonbagger häufig im Tag- und Nachteinsatz. Erschwerend wirken sich die schlechten Service- und Reparaturmöglichkeiten aus, zumal jedes Ersatzteil auf Zubringerboote umgeladen werden muß und für den Austausch gewichtiger Teile kein Mobilkran kurzfristig heranzuziehen ist.

Ebenfalls von Herstellerseite umgestaltet wird oft die Oberwagenkabine. Die vergrößerten Kabinen enthalten einen Platz für einen zweiten Mann, der bei bestimmten Einsätzen Überwachungs- und Leitfunktionen ausüben muß. Zudem soll für die für Unterwassergrabarbeiten erforderlichen zusätzlichen Kontrollen ausreichend Raum da sein. Einige Pontonbagger-Oberwagen verfügen sogar über Sonargeräte, mit denen in der Kabine der Verlauf und die Tiefe von Unterwasser-Pipelinegräben erkennbar ist.

Man nutzt heute in den Kabinen der meisten Pontonbagger die Vorteile einer graphischen Tiefenanzeige von Ausleger Löffel – bei Seilbaggern war dies infolge des hängenden Grabgefäßes nicht möglich. Der Baggerführer sieht dabei auf einem Raster mit maßstäblichen Meterabständen ständig alle Ausleger- und Löffelbewegungen und kann auf diese Weise Schnitt für Schnitt exakt und in vorbestimmter Tiefe aufeinander folgen lassen.

Ein während der Arbeit wichtiger Schwenkstellungsanzeiger informiert den Baggerführer stets über den Schwenkwinkel des Oberwagens zur Pontonlängsachse. Das früher unvermeidliche Blindbaggern gehört damit der Vergangenheit an, so daß die hydraulischen Pontonbagger erheblich wirtschaftlicher arbeiten können.

Sicherungsvorrichtungen verhindern das Schwenken des Oberwagens über einen definierten Winkel hinaus und ein Anklappen des Tieflöffelstiels von unten gegen den Ponton, um durch Nachlässigkeit bedingte Beschädigungen von Schwimmkörper und Deckshaus zu vermeiden. Mit seiner Wucht und großen Reißkraft könnte der Baggertieflöffel den Ponton zum Sinken bringen, daher ist hier eine sichere Kontrolle unbedingt erforderlich.

Weitere Veränderungen müssen die Hersteller bei den Baggerausrüstungen vornehmen. Meistens arbeiten die Pontonbagger mit Tieflöffel. Dazu gestaltet man die Monoblockausleger besonders lang mit spezieller Anlenkung für große Baggertiefen, aber nur

geringe Reichweite. Die oftmals überlangen Löffelstiele müssen entsprechend verstärkt werden, wobei wegen der längeren Hebelarme auch größere Hydraulikzylinder zum Aufbringen der erforderlichen Reißkräfte – bei großen Baggern bis 550 kN – nötig sind. Das Standardgrabgefäß des Pontonbaggers ist der Tieflöffel, doch werden auch Spezial-Reißlöffel mit kleinerem Fassungsvermögen und Löffel mit Bohrungen für den Wasserablauf verwendet. Je nach dem abzubaggernden Material kann für den Unterwassereinsatz aus einer Vielzahl von Löffelarten der bestgeeignete gewählt werden.

Statt des Löffels läßt sich eine Stangenverlängerung mit angehängtem Zwei- oder Mehrschalengreifer montieren. Soll der Pontonbagger Kanäle öffnen oder den Boden unter Wasser schichtweise abtragen, kann er mit Hochlöffel (Lade- oder Klappschaufel) und entsprechendem Ausleger gebaut werden. Derartige Pontonbagger bilden allerdings eine Ausnahme. Natürlich sind auch Zusatzausrüstungen wie Skelettlöffel oder Steinklammern anzubauen.

Ein finnischer Hersteller entwickelte sogar Hydraulikhämmer für den Unterwassereinsatz. Hierbei sorgt ein kleiner Kompressor mit 1,5 bis 3 m³/min Liefermenge für einen ausreichend hohen Luftdruck im Hammer, um das Eindringen von Wasser zu vermeiden. Mit dem Hammer kann Gestein unter Wasser aufgelockert und anschließend abgebaggert werden.

Einsätze: So vielseitig wie die Bagger

Die Einsatzmöglichkeiten für Pontonbagger sind erstaunlich vielfältig. Die Betreiber wünschen Pontonbagger mit Verfügbarkeiten von über 90 Prozent trotz schwerster Felseinsätze bei Temperaturen bis zu -50 °C. Die Pontons arbeiten in starken Längs- oder Querströmungen mit Strömungsgeschwindigkeiten von bis zu 3 m/s.

Felsblöcke mit etwa 10 m³ Inhalt sind aus 10 bis 15 m Wassertiefe zu lösen. Tonmergel mit Gesteinseinschlüssen, Kalkstein und andere felsige Böden sollen oft ohne vorherige Lockerungssprengungen gebaggert werden, da ansonsten Böschungsbeschädigungen zu befürchten sind. Auch bei Großgeräten sind dann Tagesleistungen von nicht mehr als beispielsweise 100 m³ ungesprengten Kalksteines durchaus normal.

Zu den häufigsten Aufgaben der Pontonbagger zählen Ausbau, Verbreiterung und Modernisierung von Wasserstraßen sowie die Vergrößerung vorhan-

"Big Boss" hieß dieser Pontonbagger mit einem Oberwagen des Demag H 241 Aquadigger. Der Baggerriese wurde ab 1984 mit 11,5 m³ fassendem Tieflöffel zum Freihalten der Wasserwege in Belgien betrieben. Kleinere oder größere Löffel konnten bedarfsweise angebaut werden, auch mit kürzeren oder längeren Löffelstielen. Schon damals erleichterte eine Unterwasser-Anzeige der Löffelbewegungen dem Baggerführer die Arbeit.   (Siehe auch Abbildungen links)

dener Kanalquerschnitte. Auch die internationale Hafeninstandhaltung ist inzwischen ein gewohntes Betätigungsfeld der Pontonbagger geworden. Flußräumungen, Freihaltung von Wasserwegen und Ausbaggerungen von Flußmündungen sind periodisch durchzuführende Arbeiten, damit der Schiffsverkehr ungehindert fließen kann. Auch in der Energiewirtschaft spielen Pontonbagger zumindest indirekt eine wichtige Rolle. So wurden und werden viele Häfen für größte Öltanker erweitert. In Schottland förderte ein Pontonbagger 200.000 m³ Fels zum Bau einer Beton-Ölbohrplattform.

Viele Aufgaben der Naßbaggerei konnten von Seilbaggern und kleineren Hvdraulikbaggern nicht ausgeführt werden – die großen Ponton-Hydraulikbagger bewältigen dagegen auch solche Projekte wirtschaftlich, die noch vor zwei oder drei Jahrzehnten indiskutabel waren. Die Einsatzmöglichkeiten der Pontonbagger veranschaulichen, wie vielseitig Hydraulikbagger nicht nur auf dem Trockenen, sondern auch im nassen Element arbeiten können.

Der gegenwärtig größte Ponton-Hydraulikbagger der Welt ist der Liebherr P 996 Litronic mit 3000 PS Leistung aus zwei Cummins-Motoren, 18 m langem Monoblockausleger, 5 m langem Löffelstiel und 13 m³ fassendem Tieflöffel für 18 m Grabtiefe. Durch zusätzliche Stiel-Löffelkombinationen können Grabtiefen bis 23,3 m erreicht werden.

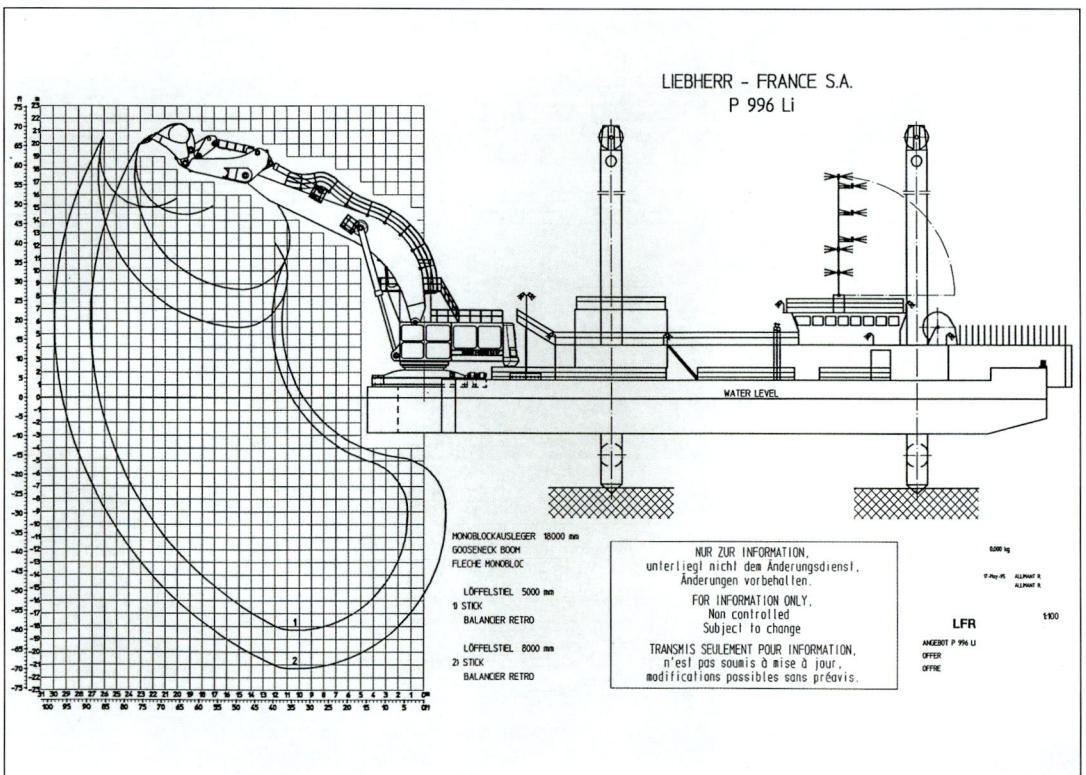

Der Oberwagen des Liebherr P 996 Litronic ist auf eine elastische Lagerung von 8,5 m Durchmesser montiert. Die Bagger-hydraulik versorgt auch die Hydraulik der drei Stelzen, die den 56 m langen und 17,5 m breiten Ponton senken, ausrichten und anheben. Zum Größenvergleich: Ein 2 m großer Mensch entspricht zwei Kästchenhöhen im Grabkurvendiagramm.

Keiner kennt Klönne

Der Universalbagger AK 400

von Heinz-Herbert Cohrs

Die großen Namen der Baubranche, die namhaften Hersteller von Baumaschinen, sind allseits bekannt. Ihr Werdegang, die Geschichte ihrer Baumaschinen, wird vielfach ausgelotet und oft bis in die letzten Winkel beleuchtet. Doch neben den Großen gibt es noch eine Reihe kleiner, bisweilen recht unbedeutender Hersteller, deren Namen längst im Dunkel der Vergangenheit entschwunden sind.

Gäbe es hier Rekorde, so wäre sicherlich die deutsche Firma Klönne ein berechtigter Anwerter für den ersten Preis: Klönne erreichte beinahe die dunkelste Vergessenheit. Bis auf einige wenige Baggerkenner und Fachleute kennt heute keiner mehr die eigentümlichen Klönne-Bagger, die vor 40 Jahren vereinzelt, wenn nicht gar sehr vereinzelt, auf ein paar Baustellen auftauchten.

Dabei hatten es die Klönne-Bagger durchaus in sich, denn außergewöhnlich war bei ihnen die Möglichkeit, jederzeit ohne irgendwelche Änderungen am Oberwagen wahlweise einen Mobil- oder Raupenunterwagen verwenden zu können. Der Umbau soll, so teilte die Firma damals mit, auf der Baustelle in rund vier Stunden durchzuführen gewesen sein. Ober- und Unterwagen waren durch einen Kugeldrehkranz verbunden; das gesamte Triebwerk ruhte auf Wälzlagern. Das Baggergewicht erhöhte sich in der Raupenausführung gegenüber dem Mobilbagger nur geringfügig von 8,5 auf 8,9 t.

Nur kurz war das Gastspiel der Klönne-Bagger in der großen Welt des Bauens: Die Fachpresse berichtet ab der Münchner Baumaschinenmesse Bauma im April 1961 über Klönne-Bagger, aber bereits 1964 nicht mehr. Die letzten Berichte entdecken wir zum Jahresende 1963. Im August 1964 wurden Klönne-Bagger noch mit Mercedes-Motoren ausgestattet. All dies weist darauf hin, daß Klönne-Bagger nur wenig mehr als drei Jahre gefertigt wurden.

Wer würde sich nicht heute über einen solchen Bagger wundern...? Nanu, Klönne, was ist das denn für ein Hersteller? Die Frage ist nicht leicht zu beantworten, zählt Klönne doch zu den unbekanntesten deutschen Baggerherstellern. Der AK 400 war der einzige Bagger im Baumaschinenprogramm; er wurde mit Mobil- und Raupenunterwagen angeboten.

Etwas unterschied den Klönne AK 400 durchaus von den Mitbewerbern der frühen 60er Jahre: Der gesamte Oberwagen konnte in kurzer Zeit vom Mobil- auf den Raupenunterwagen umgesetzt werden. War die Prozedur geglückt, konnte der Bagger nun als Raupenversion in Bereiche vorstoßen, die der bereiften Ausführung verschlossen blieben.

Im März 1963 war dieser Klönne AK 400 mit "Traktorenlaufwerk" und Tieflöffelausrüstung bei Hachenburg fleißig. Die Arbeitsgeschwindigkeiten konnten dank des 4-Gang-Getriebes den jeweiligen Bodenverhältnissen angepaßt werden. Im 2. Gang wurden 6500 kg, im 3. Gang 4050 kg Reißkraft erzielt.

Was mag die Firma August Klönne Maschinenfabrik und Stahlbau aus Dortmund dazu bewogen haben, zu Beginn der 60er Jahre die Baggerfabrikation aufzunehmen? Sicherlich dürfte das deutsche Wirtschaftswunder der 50er Jahre und der damit verbundene Bauboom motivierend gewesen sein, "auch mal Bagger zu bauen". In der Nachkriegszeit stieg der Bedarf besonders nach kleinen und mittelgroßen Baumaschinen drastisch an. Gründe dafür waren der damalige Mangel an Arbeitskräften und die steigende Zahl an kleineren Bauvorhaben.

Die Bauma 1961 scheint der Einstieg von Klönne in den Baumaschinenmarkt zu sein, denn wir erfahren: "Die im Stahlbau seit langen Jahren bekannte Firma Aug. Klönne, Dortmund, hat – unter die Baggerhersteller geraten – als ihren Erstling den Klönne-Universalbagger AK 400 herausgebracht, der als Mobilbagger (Autobagger) oder mit Gleisketten-Fahrwerk lieferbar ist und dem Stande der 'herkömmlichen Bagger' (Standbagger) entspricht."

Der AK 400 konnte wahlweise mit 0,4 m³ fassendem Tieflöffel, 0,3, 0,4 oder 0,5 m³ großen Greifern oder 0,3 bis 0,4 m³ großen Schleppschaufeln arbeiten. Seine Windwerke trugen 16 m Seillänge, was für die meisten Arbeiten und Ausschachtungen genügte.

Der Raupen-Unterwagen konnte mit 450 oder 600 mm breiten Bodenplatten ausgestattet werden und legte in zwei Gängen bis 3,1 km/h zurück. Der Mobil-Unterwagen bot Allradantrieb, Spezial-Baggerachsen (anstelle der damals noch vereinzelt verwendeten Lkw-Achsen) und war 8-fach bereift. Mit zunächst vier, in späteren Versionen sogar fünf Gängen waren bis zu 3 km/h "Tempo", im Schlepp sogar bis 20 km/h möglich.

Mehr über den raren Klönne-Bagger erfahren wir im Sommer 1961 aus einem Messebericht: "Der Neuling unter den Standbaggern (in Form des Universal- oder Umbau-Baggers), der Klönne AK 400, zeigt mehrere interessante Details, so z. B. den 6- bis 8-m-Gitterrohr-Ausleger aus nahtlosen Konstruktions-Rohren von Phönix-Rheinrohr, der in seiner Bauweise an moderne Leichtbau-Stahlträger für Dachstühle oder bei Schalungsträgern erinnert.

Besonderen Wert legte der offenbar erfahrungsreiche Konstrukteur auf Bedienungserleichterung, die durch die narrensichere 'Luftsteuerungsanlage' System Knorr-Bremse, durch die hydropneumatische Lenkung ohne Kraftaufwand des Fahrers und durch die selbsttätige hydraulische Pendelachs-Arretierung zuwege gebracht ist.

So zeigte sich der erste Klönne AK 400 auf der Bauma im April 1961: Mit luftgekühltem 30 PS-Deutz-Dieselmotor, synchronisiertem Vierganggetriebe, Luftsteuerungsanlage und sogenannter Rundsicht-Kabine.

„Der AK 400 besitzt eine vollkommen abgeschlossene und heizbare Fahrerkabine. In ihr sind alle Armaturen übersichtlich geordnet, so daß eine bequeme Bedienung des Gerätes gewährleistet ist", hieß es 1961 bei Klönne. Mit „abgeschlossen" ist die Abgrenzung zum Maschinenhaus, also zu Motor, Windwerken und Windenbremsen gemeint.

Der Mobilunterwagen des AK 400 hatte eine hydraulisch abgestützte Pendelachse, die mittels Druckluft vom Fahrerstand aus betätigt wurde. „Zur Stabilisierung der Lenkung ist ein hydraulischer Lenkstabilisator eingebaut, der ein selbständiges Ausweichen der Räder während des Fahrens vermeidet".

Wurde der AK 400 mit einem Gitterausleger, in wählbaren Längen von 6, 8 oder 10 m, eingesetzt, konnten mit Greifer und Schleppschaufel zwischen 0,3 und 0,5 m³ pro Arbeitspiel bewegt werden. Bei einer Auslegerlänge von 8 m verfügte der Bagger immerhin noch über eine Tragkraft von 1,2 t und wurde so auch den Einsatzbedingungen als Kran gerecht.

Als Kraftquelle dient ein 2-Zylinder-Deutz-Diesel-Motor A 2 L 514. Fest angeflanscht mit dem Motor ist das Kupplungsgehäuse mit der Motorkupplung und dem vollsynchronisierten 4-Gang-Schaltgetriebe. Der Antrieb des Fahrwerks und der Winden erfolgt direkt über eine elastische Scheibenkupplung ohne Zwischenschalten von Ketten bzw. Keilriemenantrieben, die zum Nachspannen ein Verstellen des gesamten Motoraggregates erfordern. Diese elastische Kupplung dient gleichzeitig zur Dämpfung der beim Baggern auftretenden Stöße. Der Fahr- sowie der Windenantrieb sind getrennt abschaltbar.

Das vollsynchronisierte Getriebe, das abschaltbare Windwerk, die Lebensdauer-Schmierung der gekapselten Lager und die 'Wartungs-Armut' überhaupt sind weitere Beweise, daß der 'neue Klönne' dem letzten technischen Stand im Bau von Seiltrieb-Standbaggern entspricht."

Wurden die ersten Klönne-Bagger von 28 oder 30 PS leistenden, luftgekühlten Deutz-Dieselmotoren und ZF-Vierganggetriebe angetrieben, tauchten spätere Versionen vereinzelt auch mit wassergekühlten Mercedes-Motoren auf. Die letzten Informationen nennen jedoch einen luftgekühlten 40-PS-Dieselmotor, was wiederum auf Deutz schließen läßt.

Während der 3-jährigen Produktionsphase des AK 400 hat sich nicht viel geändert, denn einer Notiz über Klönne ist im Dezember 1963 zu entnehmen: "Nicht nur als Raupenbagger, sondern auch als Mobilbagger kann der Klönne Universalbagger Typ AK 400 geliefert werden. Beim Austausch des Unterwagens ist keine Änderung am Oberwagen notwendig... Der Bagger kann als Universalgerät mit den gebräuchlichen Ausrüstungen betrieben werden. Für Greifer-, Kran- und Schleppschaufelbetrieb erhielt der AK 400 eine schnellaufende Auslegerwinde. Dadurch ist die Auslegerverstellung auch während des Arbeitsspieles noch wirtschaftlich."

Ungeachtet seiner Merkmale erlangte der AK 400 weder als Mobil- noch als Raupenbagger die von seinen Konstrukteuren gewünschte Verbreitung. Dies ist sicher mit der recht späten Markteinführung im Jahr 1961 zu begründen, da sich zu jener Zeit eine Vielzahl von Baggerherstellern etabliert hatte. Außerdem wurden die damals brandneuen Hydraulikbagger auch von anfänglich noch skeptischen Bauunternehmern mehr und mehr akzeptiert, so daß die Nachfrage nach kleinen Seilbaggern in jenen Jahren rückläufig war. So verlaufen sich ab 1964 die Klönnebaggerspuren im Sande...

Die einzig bekannte Werbeanzeige für Klönne-Bagger stammt aus dem Februar 1961, wurde also noch vor der Münchner Baumaschinenmesse präsentiert. Die etwas düster wirkende Darstellung fiel im seitenfüllenden Format beträchtlich auf, doch auch dies schien den Verkauf der Klönne-Bagger nicht sonderlich anzukurbeln. Vielleicht wirkte der schwärzliche Himmel zu drohend...?

Der AK 400 mit Raupenunterwagen war dank seiner 450 oder 600 mm breiten Bodenplatten und einem Druck von 0,45 bzw. 0,33 kp/cm^2 auch auf moorigen Böden problemlos einsetzbar. Bei dieser Version mit „verlängerter Raupe" wurde der Bodendruck weiter gesenkt und zudem die Standfestigkeit bei weiten Ausladungen verbessert.

Im August 1964 wurde dieser als "Klönne- AK 400-5" bezeichnete Bagger nicht mit einem Deutz-, sondern mit einem Mercedes-Motor Typ MB 852 mit 34 PS Antriebsleistung eingesetzt. Die meisten erhaltenen Bilder zeigen Klönne-Bagger auf Raupen, selten auf Rädern – und leider nie beim interessanten Umbau von Raupen- auf Mobilunterwagen.

Die meisten Klönne-Bagger wurden anscheinend mit Greifer und Tieflöffel eingesetzt. Bilder von Kraneinsätzen oder gar mit Hochlöffelausrüstung sind nicht bekannt. Zum Umsetzen konnte der Mobilunterwagen geschleppt werden, wobei Lenkung, Bremsung und Beleuchtung vom Schleppfahrzeug aus erfolgten.

Alle Farbabbildungen dieses Artikels: Arnold Henscheid (Agfacolor)

Erdbewegungsgeräte im Einsatz

Großbaustellen in Frankreich

von Rainer Oberdrevermann

In den Jahren 1977 und 1978 hatte ich die Gelegenheit, anläßlich von zwei Reisen nach Frankreich Erdbaustellen in einer, zumindest für deutsche Verhältnisse, ausgesprochen ungewöhnlichen Größenordnung zu besuchen und bei dieser Gelegenheit eine Vielzahl von großen Erdbewegungsmaschinen im Einsatz zu sehen.

Einige dieser Baustellen, und speziell selbstverständlich die dort eingesetzten Geräte, möchte ich im folgenden kurz vorstellen.

Eines meiner Ziele waren zwei sehr große Erdbewegungsprojekte, Teilabschnitte des ehrgeizigen Vorhabens der Schiffbarmachung der Rhône in Frankreich zwischen dem Mittelmeer und der Schweizer Grenze.

Die beiden aneinander grenzenden Baulose mit den Namen „Péage de Roussilon" und „Vaugris" lagen südlich von Lyon, zwischen den Ortschaften St. Rambert d'Albon und Givors. Sie hatten eine Gesamtlänge von nicht weniger als 46 km. Die gesamte Menge der zu bewegenden Massen betrug mehr als 40 Millionen Kubikmeter an Erdreich, Sand und Kies. Eingeschlossen waren umfangreiche Erdbewegungsarbeiten zum Vertiefen und Verbreitern des existierenden Flusses, aber auch der Bau eines vollständig neuen, 9 km langen Umgehungskanals, der allein ein Volumen von 14 Millionen Kubikmetern an zu bewegenden Massen umfaßte.

Meinen Bericht beginne ich gleich mit mehreren von ihrer Bauart her ausgesprochen ungewöhnlichen Großgeräten, die in einer vorab für mich nicht zu erwartenden Anzahl auf relativ engem Raum konzentriert waren. Denn im Einsatz an der Rhône konnte ich nicht weniger als sieben Schreitbagger amerikanischer Herkunft beobachten: einen Marion 7400,

Bucyrus-Monighan 7W Schreitbagger beim Zurückschwenken des Auslegers, vor Beginn eines neuen Arbeitsspiels

Blick auf den Oberwagen mit Führerhaus und einem der Schreitwerke des Marion 7400; die Ausführung der Verglasung läßt Rückschlüsse auf das Alter des Gerätes zu

Marion 7400 Schreitbagger, eingesetzt bei Unterwasser-Aushubarbeiten, hier kurz vor dem Anheben der gefüllten Schleppschaufel

Der 9W beim Schreiten mit angehobenem Heck während der Rückwärtsbewegung; zu erkennen sind die beiden Schreit-schuhe, auf denen er sich abstützt

zwei Bucyrus-Monighan 9W, einen 7W desselben Herstellers und drei Marion 7200. Als weiteres Groß-gerät war im Rahmen der Bauarbeiten mit einem Marion 183-M ein Schleppkübelbagger eingesetzt, der sich zwar auf einem Raupenfahrwerk fortbeweg-te, aber dennoch von seiner Größe her mit den zuvor erwähnten Geräten durchaus zu vergleichen war. Alle Schreitbagger wurden über Kabel elektrisch angetrie-ben, während der Raupenbagger über zwei Diesel-aggregate verfügte, die ihrerseits einen Generator zur Stromversorgung seiner Elektromotoren antrie-ben.

Die wichtigsten technischen Daten dieser Geräte sind in der nachfolgenden Tabelle zusammengefaßt:

Alle diese Schreitbagger wurden schätzungs-weise gegen Ende der vierziger, Anfang der fünfziger Jahre gebaut, hatten also bereits bis zu 30 Betriebs-jahre hinter sich. Der 183-M wurde im Jahr 1961 aus-geliefert und kam zunächst in den USA zum Einsatz.

Einer der beiden 9Ws „wanderte" zum Zeitpunkt meines Besuches gerade innerhalb der Baustelle über eine Strecke von mehr als 7 km von einer Einsatz-stelle zur anderen. Dies eröffnete mir die seltene Gelegenheit, den rein mechanischen, aber auch den organisatorischen Ablauf des Schreitens einschließ-lich aller erforderlichen Vor- und Nebenarbeiten über einen längeren Zeitraum zu beobachten, weit über die im Rahmen des normalen Arbeitsfortschrittes

	7400	9W	7W	7200	183-M
Betriebsgewicht (t)	540	434	315	193	337
Schaufelinhalt (m³)	10/7	8/5,3	5,3/3,8	4,5/3,8	7
Auslegerlänge (m)	53/61	49/61	43/55	37/41	33
Installierte Motorleistung (PS)	940	850	610	480	810

Mit Heckaufreißer ausgerüsteter Caterpillar No. 16 Grader, Betriebsgewicht mehr als 24 Tonnen, beim Verbreitern der Transporttrasse

übliche Zeitspanne von lediglich vier oder fünf Schritten hinaus.

In den alten deutschen Bundesländern befinden sich zwar lediglich zwei Schreitbagger im Einsatz, dieses sind jedoch immerhin Geräte mit einem Betriebsgewicht von je rund 750 Tonnen. Beide werden von der RWE-Rheinbraun AG betrieben. Einer der beiden Ruston-Bucyrus Draglines vom Typ 480-W gewinnt im Tagebau Bergheim tiefliegende Braunkohle und verkippt sie über einen Trichterwagen auf eine Bandanlage. Das Schwestergerät ist wenige Kilometer entfernt im Rahmen der Rekultivierung des ehemaligen Tagebaus Frechen eingesetzt. Dieser Schreitbagger wurde übrigens nach einer Einsatzzeit von etwa 35 Jahren 1998/99 komplett zerlegt, in Einzelteilen über öffentliche Straßen zum neuen Einsatzort transportiert und dort wieder zusammengebaut. Als Graborgan kam am neuen Standort zunächst, sicherlich eine Rarität oder möglicherweise sogar einmalig für ein Gerät dieser Größenordnung, anstelle des üblichen Schleppkübels ein 9 m³ fassender, hydraulisch betätigter Zweischalengreifer zum Einsatz. Nach einiger Zeit wurde der Schreitbagger allerdings wieder auf Draglinebetrieb umgerüstet.

Zurück zu dem Transport des 9W: Zur Vorbereitung der Trasse waren, neben kleineren Geräten, ein Caterpillar No. 16 Grader mit einem 225 PS leistenden Motor und zeitweise sogar eine Cat D9G Raupe erforderlich.

Ein ehemaliger Euclid SS-12 Dreiachsscraper, umgebaut zu einem Wassersprühwagen, hielt die Trasse feucht, um Staubentwicklung möglichst zu vermeiden. Der Transport beanspruchte bei einer Bagger-Schrittlänge von 2,3 Metern und einer (allerdings aufgrund von häufigen Unterbrechungen nur rein theoretischen) „Höchstgeschwindigkeit" von 400 bis 500 m/h einen Zeitraum von fast zwei Tagen. Das Stromkabel, das die Elektromotoren des Baggers mit Strom versorgte, lag in Schlaufen auf einem Schlitten, der mit einem der Schreitschuhe verbunden war und daher bei jedem Schritt mitgezogen wurde.

Als erste Aufgabe an dem neuen Einsatzort hatte der 9W große Betonbrocken beiseite zu räumen, Teile der Fundamente einer alten Hängebrücke über die Rhône, die zu klein geworden und durch eine neue Brücke ersetzt worden war. Hierbei wurde er von einem Cat 835 Stampffußverdichter unterstützt, der in diesem Fall wie ein Raddozer als reines Schubgerät eingesetzt wurde.

Während einer Arbeitspause konnte ich entlang des Laufsteges bis zur Auslegerspitze des Baggers klettern und die Aussicht aus einer Höhe von immerhin rund 20 Metern genießen.

Andere Schreitbagger in der Nachbarschaft beluden Muldenkipper mit einer Tragfähigkeit von 32 Tonnen (Cat 769B, 415 PS) bzw. 45 Tonnen (Wabco 50, 580 PS), oder sie setzten Flußkies direkt um zum Aufschütten von Hochwasser-Schutzdeichen.

Euclid SS-12 Zweiachstraktor zieht einen anstelle des Schürfkübels eingebauten Wasserbehälter; im Hintergrund ein Marion 7200 Schreitbagger

Oberwagen des 9W mit einem der beiden über Excenterscheiben angetriebenen Schreitwerke und dem am Schreitschuh befestigten Kabelschlitten

Im Jahr 1991 konnte ich abermals einen Marion 7200 Schreitbagger im Einsatz beobachten, und zwar beim Bau der TGV-Umgehung von Paris. Sicherlich handelte es sich um einen jener Draglines, die ich Jahre zuvor im Rhônetal gesehen hatte. Auf dieser Baustelle mußte im Verlauf der künftigen Eisenbahnstrecke morastiges Erdreich gegen Material mit einer ausreichenden Tragfähigkeit ausgetauscht werden. Ein Schreitbagger mit seinem niedrigen Bodendruck, gepaart mit großer Reichweite, stellte offensichtlich die beste Lösung für diesen spezifischen Einsatzfall dar.

Das Prinzip des Schreitbaggers wurde übrigens bereits im Jahr 1913 von dem Amerikaner Oscar Martinson erfunden, einem Mitarbeiter der Monighan Co. Nach ihm wurde das Kernstück, die Excenter-Einrichtung, seinerzeit mit „Martinson Tractor" bezeichnet. 1931 wurde die Firma Monighan von Bucyrus-Erie übernommen, und noch heute baut Bucyrus eine verbesserte Version dieses Schreitwerkes in Schreitbagger bis hin zu mittlerer Größe ein.

Prinzipiell werden beim Schreiten mittels je eines an beiden Seiten des Bagger-Oberwagens angeordneten Excenters oder Getriebes, die mechanisch über die Antriebswelle miteinander verbunden sind und

9W, fotografiert von der Spitze des Auslegers herunter; links ein Teil des Auslegerkopfes mit Umlenkrollen für die Ausleger-Abspannseile

Caterpillar 835 Stampffußverdichter neben einem Bucyrus-Monighan 9W Schreitbagger schiebt Betontrümmer beiseite

Marion 7200 auf einer schmalen Landzunge, der einen Wabco Muldenkipper belädt; der Arbeiter vorne auf dem Schreitschuh ist kaum zu erkennen

daher absolut synchron laufen, zwei pontonähnliche Schreitschuhe bewegt. Zu Beginn des Schreitvorgangs wird der Bagger durch ein Absenken und Abstützen der Schreitschuhe auf dem Boden hinten angehoben und anschließend um eine Schrittlänge nach rückwärts bewegt. Die Vorderkante der runden Bodenplatte, auf der der Oberwagen drehbar gelagert ist, bleibt hierbei in Bodenkontakt und rutscht demzufolge über den Untergrund. Anschließend werden die Schreitschuhe wieder angehoben und in die Ausgangsposition zurückbewegt; der nächste Schritt kann sich anschließen. Eine Änderung der Schreitrichtung ist jederzeit problemlos möglich und erfordert lediglich ein entsprechendes Drehen des Bagger-

Marion 7200 mit Antrieb des Gelenkschreitwerkes durch eine Kurbel, hier während des Schreitvorgangs mit angehobener Bodenplatte

9W während des Transportes. Die Schreitschuhe haben einen großen Teil des Baggergewichtes übernommen; Oberwagen und Ausleger befinden sich in Schräglage

oberwagens; dies stellt neben dem beträchtlich geringeren Bodendruck eines Schreitbaggers einen weiteren großen Vorteil dieses Maschinentyps gegenüber einem vergleichbaren Dragline auf Raupenfahrwerk dar.

Die Firma Marion baute ihren ersten Schreitbagger, ein Modell 7200, erst im Jahr 1939, nachdem die Monighan-Patente abgelaufen waren. Dieser wies zwar eine andersgeartete Kinematik zum Antrieb der Schreitschuhe auf, basierte aber dennoch eindeutig auf dem von Martinson erfundenen Grundaufbau.

Der Marion 183-M Raupenbagger war zum Zeitpunkt meines Besuches zum Ausheben des Kanals im Bereich einer der Schleusen eingesetzt. Dort belud er Terex R-35 Muldenkipper. Es war interessant zu beobachten, wie die Fahrzeuge auf ihrem Weg zur Kippstelle hin beim Befahren einer Steigungsstrecke jeweils einen Teil ihrer Ladung – ein Gemisch aus Sand, Kies und Wasser – wieder verloren; infolge ihrer Schräglage floß es einfach hinten herab. Nur die V-Form der Mulde verhinderte noch größere Verluste.

1978 wurde dieser 183-M seitens der Baufirma über eine Annonce in einer Fachzeitschrift zum Kauf angeboten. Offensichtlich gab es keinen Anschlußauftrag, der den Einsatz eines derartigen Großgerätes gerechtfertigt hätte.

Neben den Draglines trugen aber auch Scraper maßgeblich zur Massenbewegung bei diesem Großprojekt bei. Gleich mehrere Flotten dieser, wenn richtig eingesetzt, sehr leistungsfähigen Geräte waren an unterschiedlichen Stellen im Einsatz, fast alle übrigens hergestellt von Caterpillar.

Als Ausnahme, die in diesem Fall die Regel bestätigt, konnten sechs große Euclid S-32 Scraper mit einer Tragfähigkeit von je rund 50 Tonnen gelten, die beim Schürfen im Tandem-Pushbetrieb von zwei Caterpillar D9H Raupen mit je 410 PS unterstützt wurden. Ich habe noch heute das Dröhnen der Zweitaktmotoren dieser respekteinflößenden grünen Maschinen mit ihrer Motorleistung von 482 PS im Ohr. Im Gegensatz zu ihren kleineren „Brüdern", dem TS-14 mit zwei Motoren und den S-24/TS-24, waren

Marion 183-M Dragline auf Raupenfahrwerk beim weiten Auswerfen der Schleppschaufel unter Ausnutzung der Fliehkraft, um die Reichweite zu vergrößern

183-M mit gefüllter Schleppschaufel. Auffällig sind der Fahrantrieb über außenliegende Ketten und die weit nach oben verlängerten Auspuffrohre

Euclid S-32 Scraper, aus „Froschperspektive" gesehen und beim Schürfen kraftvoll unterstützt von zwei Caterpillar D9H Raupen

S-32 während des Entladens, Kübelrückwand und Kübelboden sind nach vorne gekippt; im Hintergrund ein Caterpillar No. 14E Grader

Caterpillar 651 Scraper setzt mit Unterstützung von Schubraupen zum Schürfen von etwa 50 Tonnen Flußkies an

die S-32/TS-32 in Europa nur recht selten anzutreffen. Um so größer war meine Überraschung und auch Freude!

Auf einer weiteren interessanten Scraperbaustelle war eine Flotte von Caterpillar 651 Scrapern eingesetzt, die hinsichtlich Größe und Motorleistung vergleichbar mit den oben erwähnten Euclids waren. Beim Laden geschoben wurden diese von zwei Caterpillar D9Gs mit einer Leistung von je 385 PS. Ich erfuhr, daß hier infolge des schwierig zu ladenden Materials zeitweise sogar drei D9G Raupen für die notwendige Schubhilfe sorgen mußten, um möglichst optimale Kübel-Füllungsgrade und damit hohe Transportleistungen zu erzielen. Die Schubraupen verfügten neben ihren gefederten Schubschilden auch über gefederte hintere Schubblöcke. Die bis zu 180 mm langen Federwege dieser Ausrüstungsteile trugen erheblich zur Reduzierung der beim Schubladen unvermeidlichen Stoßbelastungen bei und ermöglichten daher auch relativ große Geschwindigkeitsdifferenzen beim Auffahren einer Raupe auf einen Scraper bzw. auf eine zweite Raupe vor Beginn des Schürfens.

Die 651 Scraper schürften den Kies am Uferbereich der Rhône bis fast auf die Höhe des Grundwasserspiegels, während die anschließend erforderlichen weiteren Aushubarbeiten mit dem Marion 7400 Schreitbagger durchgeführt wurden.

Zwei aus diesem Blickwinkwinkel recht wuchtig wirkende Caterpillar D9G Schubraupen unterstützen mit ihrer geballten Kraft einen 651 Scraper beim Laden

Drei über ihre Push-Pull-Einrichtungen miteinander verbundene Caterpillar 637 Doppelmotorscraper; der Kübel des mittleren ist zum Schürfen abgesenkt

Nicht weit entfernt konnte ich den durchaus als ungewöhnlich zu bezeichnenden Einsatz von drei Caterpillar 637 Doppelmotorscrapern beobachten. Diese waren mit Push-Pull-Einrichtungen ausgerüstet, jeweils bestehend aus Zugbügel, Zughaken und Schubplatte. Alle drei wurden beim Schürfen von Kies, den ein Dragline zuvor dort abgekippt hatte, mittels dieser Einrichtungen zusammengekuppelt und unterstützten sich gegenseitig beim Beladen, indem nacheinander jeweils ein Scraper während des Schürfvorgangs von den anderen beiden gezogen und/oder geschoben wurde. Hierbei summierten sich

Caterpillar 631C Scraper beim Schürfen nahe einer Spundwand; für die notwendige Schubunterstützung sorgen zwei D9H Raupen

LeTourneau-Westinghouse C-Pull Einachstraktor mit in den Schürfkübel eingebautem Wassertank während des weitflächigen Versprühens von Wasser

die jeweils 415 PS der Zugeinheiten und die 225 PS der hinteren Motoren zu einer zur Verfügung stehenden Gesamtleistung von 1920 PS, die beim Schürfen jeweils auf eine einzige Scraperschneide wirkten. Vielleicht lag der Grund für diese, vermutlich von Seiten des Herstellers wegen der auf die Scraper wirkenden höheren Belastungen gar nicht so gern gesehene Dreifach-Kombination ja darin, daß ein im Maschinenpark der Baustelle möglicherweise vorhandener vierter Scraper des gleichen Typs nicht einsatzbereit war? Denn mit diesem wäre ein normaler Push-Pull-Betrieb mit jeweils zwei 637-Einheiten möglich gewesen.

Mit einer imponierenden Transportleistung von etwa 9 Millionen Kubikmetern maßgeblich an dem Aushub des bereits weiter vorne erwähnten Kanals beteiligt waren insgesamt 13 Caterpillar 631C Scraper. Diese wurden während des Beladens jeweils von zwei D9H Raupen geschoben. Die restlichen 5 Millionen Kubikmeter wurden von dem Marion 183-M Dragline sowie einem der 9W Schreitbagger umgesetzt.

Zur möglichst weitgehenden Vermeidung von durch Fahrzeuge aufgewirbeltem Staub auf den Transportwegen waren auf dieser Baustelle gleich drei ehemalige LeTourneau-Westinghouse C-Pull Scraper eingesetzt, die zu Wassersprinklern umgebaut worden waren. Ob diese Maschinen in ihrer ursprünglichen Bauform bereits in den Jahren 1957/58 für dieselbe Baufirma im Einsatz waren? Damals führten sechs C-Pull Scraper dieser Firma in Algerien die Erdarbeiten für den Bau einer Straße durch die Sahara aus.

Diese C-Pulls waren übrigens direkte Weiterentwicklungen der ursprünglichen, von R.G. LeTourneau entwickelten Scraperbaureihe mit Einachs-Zugkopf, die er – zusammen mit seinem weiteren Bauprogramm an Erdbewegungsmaschinen einschließlich der entsprechenden Patente – im Jahr 1953 an die Westinghouse Air Brake Co. (Wabco) verkaufte. Die Scraper hatten einen Kübelinhalt von 13,8 m³ und ihr Motor leistete 210 PS. Der Fahrantrieb erfolgte zwar mechanisch über ein Getriebe, alle anderen Bewegungen jedoch wurden elektrisch gesteuert.

Im Hof der zu dieser Baustelle gehörenden Reparaturwerkstatt entdeckte ich einen fast bis auf den Rahmen zerlegten Cat 769B Muldenkipper. Und auch der relativ kleine Poclain Mobilbagger TY-45, der einen Scraperreifen transportierte, erschien mir interessant genug, um von ihm ein Foto zu „schießen" –

Viel ist in diesem Zustand nicht mehr zu erkennen von ihm, dem Caterpillar 769B Muldenkipper

obwohl kleine und große Poclain-Bagger damals noch häufig auf Baustellen aller Größenordnungen anzutreffen waren.

Weitere Scraperflotten innerhalb dieses Großprojektes setzten sich zusammen aus fünf bzw. sieben Cat 631Cs (35 Tonnen Tragfähigkeit, 400 PS) mit je einer D9G als Schubraupe. Zum Entleeren der

Caterpillar Schubscraper wurde, anders übrigens als beispielsweise bei den Euclid Scrapern, bei geöffneter Schürze die auf Rollen gelagerte Schürfkübelrückwand hydraulisch nach vorne gedrückt und das Ladegut so zwangsweise herausgeschoben.

Ungewöhnlich war ein älterer Allis-Chalmers Scraper-Zugkopf, vermutlich ein TS-360, bei dem der

Ein heutzutage bereits recht seltener Anblick: Poclain TY-45, in diesem Fall ohne Tieflöffel zweckentfremdet eingesetzt zum Transportieren eines Reifens

Caterpillar 631C Scraper, ausgerüstet mit einem auffälligen Überrollschutz für die Fahrerkabine, beim Entladen von Kiesmaterial

Ehemaliger Allis-Chalmers Scraper mit anstelle des Schürfkübels angebautem Wasserwagen; beachtenswert ist auch die recht einfach gebaute Fahrer"kabine"

Vierrädrige Vorrichtung zur Verringerung der Vorderachs-Radlasten eines Scraper-Zugkopfes bei Straßenfahrt

ursprünglich zugehörige Schürfkübel durch einen offensichtlich von der Baufirma in Eigenregie gebauten Wassersprengwagen ersetzt worden war.

Als ein interessantes Zubehörteil schließlich entpuppte sich eine auf vier Rädern rollende Vorrichtung, die vor einem Caterpillar 631B Scraper stand. Diese wurde bei Bedarf unter den überhängenden Teil des Scraper-Zugkopfes vor dessen Vorderachse montiert und war dazu vorgesehen, den Bodendruck unter beiden Vorderrädern durch ein Verteilen der Belastung auf die zusätzlichen Räder zu reduzieren. Ein Anbau war erforderlich, wenn der Scraper auf eigener Achse über öffentliche Straßen von einem Einsatzort zum nächsten transportiert werden mußte. Bereits um 1957 bot LeTourneau-Westinghouse übrigens für den C-Pull ein vergleichbares Anbaugerät an.

Ein knappes Jahr später, bei meinem zweiten Besuch, waren die wesentlichen Erdbewegungsarbeiten innerhalb der beiden Lose, die in direktem Zusammenhang mit dem Kanalbau standen, bereits abgeschlossen. Einige der Maschinen, wie beispielsweise der Marion 183-M und die Euclid S-32 Scraper, warteten noch auf ihren Abtransport, während die meisten anderen sicherlich längst wieder auf anderen Erdbaustellen im Einsatz waren.

Ganz in der Nähe war inzwischen jedoch eine andere Großbaustelle eingerichtet worden: Drei der Schreitbagger, die ich bereits im Jahr zuvor gesehen hatte – der 7W, einer der beiden 9W und einer der 7200 – waren nun eingesetzt, um im Uferbereich aus der Rhône ein Gemisch aus Sand und Kies zu gewinnen, das sie in Caterpillar 769B (32 Tonnen) und 773 (45 Tonnen) Muldenkipper verluden.

Das Material wurde in ein bis zwei Kilometer Entfernung verkippt und sollte als tragfähiger Untergrund für mehrere an dieser Stelle geplante Industrieansiedlungen dienen. Wie ich weiter erfuhr, wurden größere Mengen des Materials aber auch auf Halde zwischengelagert, als Zuschlagstoff für die Herstellung von Beton, der für den Bau eines nach den Planungen an dieser Stelle zu errichtenden Kernkraftwerkes verwendet werden sollte.

Es war faszinierend für mich, das ruhige, gleichzeitig aber auch erstaunlich schnelle Arbeiten dieser drei Großgeräte im Zusammenspiel mit den Transportfahrzeugen zu beobachten. Ein Cat 773 beispielsweise wurde von dem 9W in drei Arbeitsspielen innerhalb von zwei ein halb bis drei Minuten randvoll beladen, und dies bei einem Schwenkwinkel des Baggerauslegers von nahezu 180 Grad. Als Voraussetzung für schnelle Arbeitsspiele war neben einer

Bucyrus-Monighan 9W Schreitbagger beim Entleeren des Schleppkübels in die Mulde eines Caterpillar 773 Muldenkippers

Caterpillar 769 B Hinterkipper, der von einem Marion 7200 Schreitbagger in schnellen Arbeitsspielen beladen wird

ausreichenden Antriebsleistung der Elektromotoren jedoch auch ein gehöriges Maß an Übung seitens des Baggerführers erforderlich. Man stelle sich vor, daß beim Auskippen der Ladung in die Kippermulde der Schleppkübel rund 50 Meter vom Fahrerstand entfernt war, und aus solch einer Entfernung wirkt selbst die Kippmulde eines 50-Tonners nicht sehr breit und ist ein entsprechend schwierig zu treffendes Ziel! Auch die unvermeidlichen Pendelbewegungen des am Hubseil hängenden Schleppkübels mußten möglichst geschickt ausgeglichen werden.

Kleinere Erdarbeiten innerhalb der ehemals großen Baustellen waren noch durchzuführen. Hierzu waren beispielsweise IHC (International Harvester Company) Modell 180 PayHauler Muldenkipper mit einer Nutzlast von 41 Tonnen und einer Motor-leistung von 536 PS im Einsatz, die von einem Cat 988 Radlader beladen wurden. In einiger Entfernung waren weitere dieser Muldenkipper eingesetzt, beladen in diesem Fall von einem Poclain 160 mit Tieflöffel. Auf der Kippe verteilte eine ältere Caterpillar D8H-Raupe, noch mit seilbetätigtem Schild ausgerüstet, den Kies. Deren Schubkraft erwies sich als dringend erforderlich, als sich ein PayHauler trotz seines Allradantriebes und seiner im beladenen Zustand

gleichmäßigen Lastverteilung auf die mit je vier Rädern versehene Vorder- und Hinterachse in dem weichen Untergrund festgefahren hatte.

Nachdem die International Harvester Co. von Dresser übernommen worden war, wurde der PayHauler 180/350, sicherlich auch aufgrund seiner einzigartigen Bauform, von der eigens zu diesem Zweck gegründeten Payhauler Corp. weitergebaut, die inzwischen ihrerseits von Terex übernommen worden ist. Lediglich Euclid baute von Ende der sechziger Jahre an über einen längeren Zeitraum einen vom generellen Aufbau her vergleichbaren Muldenkipper, wenn auch mehr als doppelt so groß und zusätzlich mit Rahmenknicklenkung ausgestattet.

Weitere Ziele von mir während der beiden Reisen waren einige Erdbaustellen im Zuge der seinerzeit im Bau befindlichen ersten TGV-Verbindung in Frankreich, der Strecke Paris-Lyon.

Auf der ersten Baustelle, die ich besuchte, wurde das anstehende Felsgestein nach den erforderlichen Sprengarbeiten von einer Caterpillar D9G Raupe weiter aufgelockert und so für das Verladen durch einen 988 Radlader des gleichen Herstellers vorbereitet. Manchmal schob die Raupe das Felsmaterial sogar bis fast in die Radladerschaufel hinein. Caterpillar

Von seinem Erscheinungsbild her recht ungewöhnlich wirkender International 180 PayHauler mit Zwillingsbereifung vorne und hinten

Zusammenspiel von Caterpillar Raupe, Radlader und Muldenkipper beim Zuschieben und Laden von Felsgestein

769B Muldenkipper transportierten es zur Kippe, wo es von einem Cat 835 Stampffußverdichter schichtweise eingebaut wurde.

In der Nähe waren auch einige bereits ältere Caterpillar 631B und 641 Scraper eingesetzt. Diese wurden von zwei D9Gs im Tandem geschoben und hatten die Aufgabe, im Vorfeld der eigentlichen Erd-

bzw. Felsarbeiten die Mutterbodenschicht im Verlauf der künftigen Eisenbahnstrecke abzutragen und zu deponieren. An dem mächtigen Aufreißer an einer der Schubraupen fiel mir auf, daß bei diesem der Schnittwinkel des Reißzahns nicht über Hydraulikzylinder verstellt werden konnte, sondern daß er durch die Kinematik starr vorgegeben war.

Schubbeladen eines Scrapers durch zwei D9G Raupen, von denen die hintere mit einem Parallelogramm-Aufreißer älterer Bauart ausgerüstet ist

Zwei Caterpillar D9G 385 PS-Raupen im harten Einsatz beim Reißen und anschließenden Zusammenschieben von Felsgestein

Ein anderes, vom Volumen der zu bewegenden Massen her noch größeres TGV-Baulos umfaßte fast 6 Millionen Kubikmeter an Erd- und Felsbewegung.

Zunächst konnte ich in einem Einschnitt unter sehr beengten Einsatzverhältnissen zwei Caterpillar D9G Raupen beobachten, die mit ihren Einzahn-Parallelogrammaufreißern ungesprengtes Felsgestein lösten. Das gerissene Material schoben sie anschließend über einen Abhang zu einem Cat 988 Radlader hin. Allein in Anbetracht der rauen Arbeitsbedingungen, wie beispielsweise schwer zu reißender Fels und daraus resultierende starke Staubentwicklung sowie ständige Erschütterungen und Stöße durch den zwangsläufig ausgesprochen unebenen Untergrund, war dies aus meiner Sicht als ein sehr harter Einsatz einzustufen. Außerdem mußten beide Fahrer die jeweils andere Raupe ständig im Auge behalten, um bei den gegebenen engen Verhältnissen ein gefahrloses Arbeiten zu gewährleisten. So wurden unter diesen extremen Bedingungen sicherlich Mensch und Maschine gleichermaßen belastet. Als Muldenkipper standen vier Aveling-Barford „Centaur" 40 zur Verfügung mit einer Nutzlast von 32 Tonnen.

Nicht weit entfernt, in einem weiteren Einschnitt, stieß ich auf eine nicht gerade alltägliche Scraper-baustelle. Eingesetzt war eine sechs Einheiten umfassende Flotte von Caterpillar 641/641B Scrapern. Diese hatten durchaus ihre Schwierigkeiten beim Laden des anstehenden felsigen Gesteins, obwohl sie kraftvolle Schubunterstützung durch eine Fiat-Allis 41B Raupe mit einer Motorleistung von 550 PS und einem Betriebsgewicht von über 65 Tonnen erhielten, und obwohl der Fels zuvor von dem Kelley-Aufreißer der 41B gelockert worden war. Die 41B, das Nachfolgemodell der nach einer langjährigen Entwicklungszeit anläßlich der Baumaschinenausstellung Conexpo '69 in Chicago endlich als serienreif präsentierten Allis-Chalmers HD-41, galt über eine Reihe von Jahren als die größte Raupe der Welt. Dies änderte sich erst im Jahr 1976, als Komatsu die D455A mit einer Motorleistung von 620 PS offiziell vorstellte. Ungefähr ein Jahr später nahm Caterpillar die 700 PS leistende, inzwischen bereits berühmte D10 mit ihrem revolutionären Delta-Laufwerk in sein Verkaufsprogramm auf.

Das von den Scrapern herangeschaffte Material wurde auf der Kippe von einem Caterpillar 835 mit

Caterpillar 988 Radlader belädt einen Aveling-Barford Muldenkipper; oberhalb der Geräte ist eine D9-Raupe zu erkennen

Caterpillar 641B Scraper, geschoben von einer Fiat-Allis 41B; im Vordergrund ein weiterer Scraper des gleichen Typs

Fiat-Allis Raupe mit einem gefederten Schubschild und Kelley-Aufreißer; der Reißzahn ist mit Hilfe eines hydraulischen Bolzenziehers in der Länge zu verstellen

dem beachtlichen Gewicht von 38 Tonnen und einer Motorleistung von 400 PS verteilt und im gleichen Arbeitsgang auch verdichtet. Dieser Stampffußverdichter schien mir im ersten Augenblick recht ungewohnt auszusehen, bis ich erkannte, daß lediglich die gewohnte Fahrerkabine fehlte.

Auf dieser Baustelle fiel mir auch ein Fiat-Allis 945B Radlader auf, bei weitem nicht so häufig auf Baustellen anzutreffen wie die zu jener Zeit größenmäßig vergleichbaren Caterpillar 988 oder IHC 560 Lader. Leider war er nicht im Einsatz.

Eine weitere TGV-Baustelle schließlich war deshalb interessant, weil als Schubhilfe für mehrere Caterpillar 631B Scraper eine Kombination aus Cat D9G Raupe und Cat 834 Raddozer eingesetzt war. Dies wurde seinerzeit recht häufig praktiziert, falls aus einsatztechnischer Sicht zwei Schubgeräte erforderlich waren. Hierbei konnte der Raupentraktor vor allem seine hohe Schubkraft und der Raddozer seine Schnelligkeit einbringen. Letztere erwies sich oft als besonders vorteilhaft beim Wechseln von einem Scraper zum nächsten, aber ebenso bei leichten Planierarbeiten im Abbaubereich.

Als nächstes besuchte ich in der Nähe von Carcassonne im Süden Frankreichs eine Autobahnbaustelle. Dort wurden allein 3,5 Millionen Kubikmeter an Füllmaterial benötigt, um mehrere für das Durchqueren von Tälern erforderliche Dammschüttungen ausführen zu können. Zur Gewinnung dieses Materials war seitlich von der Trasse ein regelrechter Steinbruchbetrieb eingerichtet worden, allerdings bis zu 15(!) km entfernt von der jeweiligen Einbaustelle. Der zuvor gesprengte Fels wurde von zwei Caterpillar D9Hs zusammengeschoben, so daß die beiden IHC 560 Radladern relativ problemlos ihre Schaufeln füllen konnten. Zum Transport der Massen eingesetzt waren in Anbetracht der außergewöhnlich langen Transportwege nicht weniger als 25 Caterpillar 769B und Terex R-35B Muldenkipper der 32-Tonnen-Klasse.

In dem benachbarten Bauabschnitt dagegen hatte die ausführende Baufirma auf Scraper als Haupt-Erdbewegungsgeräte gesetzt, und wieder einmal sah man auf der Baustelle fast ausschließlich Caterpillar Maschinen. Zehn Geräte der Typen 631C und 631D wurden während des Schürfens gemein-

90 Füße an jeder Radtrommel des Caterpillar 835 bewirken ein schnelles und gründliches Verdichten des von den Scrapern antransportierten Materials

sam von einer D9H Raupe und einem 834 Raddozer geschoben. Zur Zeit meines Besuches war sehr feuchtes, teilweise sogar schlammiges Erdreich zu laden. So waren die Verhältnisse an der Schürfstelle ausgesprochen schwierig, was auch dazu führte, daß manche Scraper mit nicht voll beladenen Kübeln den Weg zur Kippe antreten mußten. Dort jedoch waren die Einsatzbedingungen aufgrund der durch das nasse Kippgut hervorgerufenen rutschigen Bodenverhältnisse nicht besser. So konnte ich mehrfach beobachten, daß auf der ziemlich unwegsamen Kippe sogar die gemeinsame Schubkraft von dort, wenn auch als Planiergeräte, ebenfalls eingesetzten D9H und 834 Traktoren erforderlich war, um einen während des Entladens festgefahrenen Scraper wieder flott zu bekommen.

Während der Rückfahrt entdeckte ich im Großraum Le Havre, buchstäblich im Vorbeifahren am Straßenrand, zwei LeTourneau Carryall Modell LP Anhängescraper mit einem Fassungsvermögen von 11,5 m³. Gebaut worden waren diese in den Jahren 1948 bzw. 1952. Gezogen wurden sie von aus dem Jahr 1952 stammenden Caterpillar D8 Raupen mit

einer Motorleistung von 130 PS, die aus Beständen der amerikanischen Streitkräfte an zivile Firmen verkauft worden waren. Die Kübelbewegungen der Scraper wurden über die beiden Heckseilwinden der Raupen gesteuert. Eine weitere D8 war mit einem seilbetätigten Planierschild ausgerüstet. Obwohl die Geräte dort offensichtlich bereits länger abgestellt standen, waren sie einen Fotostop allemal wert!

Fast schon wieder zu Hause, fielen mir in den Niederlanden, ebenfalls eher zufällig, noch einige fast ebenso seltene Maschinen auf. Es handelte sich um zwei seilbetätigte Curtiss-Wright 18 M Scraper, deren Schwanenhals jeweils auf einem Caterpillar Modell 830 knickgelenktem Raddozer aufgesattelt war. Die Scraperkübel besaßen ein gehäuftes Fassungsvermögen von beachtlichen 18,5 m³, die Traktoren waren mit 372 PS leistenden Dieselmotoren ausgerüstet und wogen alleine 25 Tonnen. Auffällig war ihr für einen Scraper ziemlich ungewöhnliches, hydraulisch betätigtes Planierschild. Die Kombination aus 830 und 18 M war ursprünglich ausschließlich für den militärischen Bedarf gefertigt worden.

Caterpillar D9G und 834 beim Tandem-Schubladen. Die Raupe ist mit einem speziellen, über nur einen Hydraulikzylinder bewegten Schubschild ausgerüstet

Caterpillar 631B Scraper, der mit Unterstützung von Raupe und Raddozer sogar beim Schürfen bergauf eine volle Kübelfüllung erzielt

Ein „sanfter Druck" durch die Schaufel des International 560 Radladers sorgt für eine transportgerechte Lagerung sperriger Gesteinsbrocken in der Mulde des Caterpillar 769B

Caterpillar 631D Scraper, beim Laden in schwerem Boden unterstützt von Caterpillar D9H und 834 Schubtraktoren

LeTourneau Modell LP Anhängescraper, offensichtlich bereits seit längerer Zeit nicht mehr im Einsatz gewesen

Schürfzug, bestehend aus knickgelenktem Caterpillar Raddozer und Curtiss-Wright Scraper, beim Rangieren auf der Kippe

Die Scraper, die in einer Kiesgrube zum Transport von Abraum eingesetzt waren, beluden sich allerdings nicht selbst, sondern ein Akerman H 25-B Hydraulikbagger füllte die Schürfkübel mit seinem Tieflöffel in schnellen Arbeitsspielen. Aus diesem Grund waren die Kübelwände, um die Nutzlast zu erhöhen, mit Aufsetzblechen versehen worden. Der Untergrund auf der Kippe war so aufgeweicht, daß die Scraper oftmals trotz des Allradantriebes ihrer Zugeinheiten Schubunterstützung einer Raupe benötigten, um wieder auf tragfähigen Grund zu gelangen.

In demselben Gewinnungsbetrieb war auch ein etwa 100 Tonnen wiegender Ruston-Bucyrus 71-RB Seilbagger mit einem 3 m³ fassenden Schleppkübel eingesetzt. Dieser gewann Sand und Kies aus einem See und verkippte das Gemisch auf Halde. Weitertransportiert wurde es von zwei Euclid R-22 Muldenkippern, die von einem Caterpillar Radlader beladen wurden.

Bereits einige Zeit zuvor, genau im Jahr 1972, hatte ich übrigens auf einer Autobahnbaustelle in Deutschland einen anderen Caterpillar 830 Raddozer im Einsatz als Schubtraktor für Scraper sehen können. Dieser war über der Hinterachse mit einem zusätzlichen Gewicht versehen, um das Drehmoment seines Motors wirkungsvoller über die Antriebsräder auf den Boden übertragen zu können. Bei den Scrapern handelte es sich um relativ kleine, in der damaligen CSSR hergestellte Strojexport T200/S10.1 mit einem Fassungsvermögen des Kübels von 12 m³, angetrieben von zwei je 180 PS leistenden Tatra Dieselmotoren.

Das Auffinden der von LeTourneau und Curtiss-Wright hergestellten Scraper war für mich gerade das passende Ende meiner zweiten Frankreichreise mit den vielen faszinierenden Erdbaustellen, die ich besuchen konnte, und mit der großen Anzahl an teils ungewöhnlichen oder auch seltenen, in jedem Fall aber sehr interessanten Geräten, die ich im Einsatz sah.

(Während meiner beiden Touren durch Frankreich besuchte ich auch einige interessante Tagebaue und Steinbrüche sowie zwei weitere, außergewöhnlich große Erdbaustellen. Hierüber werde ich in der nächsten Ausgabe des Jahrbuches berichten.)

Caterpillar 830 Raddozer; gut zu erkennen sind die Seilwinden zur Steuerung der Scraperbewegungen und das Knickgelenk

Ruston-Bucyrus 71-RB Dragline beim Auskippen des Schleppkübels; im Vordergrund ein Caterpillar 988B Radlader

Tschechischer Doppelmotorscraper, während des Schürfens unterstützt von einem mit zusätzlichem Ballast versehenen Caterpillar 830 Raddozer

Schneckenrennen

oder „Wenn zwei Bagger eine Reise tun…"

von Michael Schauer

Braunkohle ist jedermann bekannt. Während die älteren unter uns in der guten alten Zeit ihre Stuben noch mit Briketts und Koks beheizten, setzen wir heute im großen Stil auf Energie aus Braunkohlekraftwerken.

Braunkohle wird im Tagebau gefördert. Riesige Tagebaue in Hambach, Bergheim, Garzweiler und Inden zeugen von dem festen Platz, den die Braunkohle in der energieproduzierenden Industrie einnimmt. Gefördert wird mit gigantischen Baggern. So lag die Fördermenge in Hambach Ende des Geschäftsjahres 1999 bei rund 250 Mio. m³ Abraum sprich 43,7 Mio. Tonnen Kohle.

In Hambach war von 1978 bis Ende Januar 2001 der Bagger 288 im Einsatz. Gebaut wurde der Bagger im Jahre 1978 vom Unternehmen Krupp. Dieser Koloß hat die Ausmaße von 240 Metern in der Länge und 96 Metern in der Höhe, ungefähr entsprechend zwei Drittel der Höhe des Kölner Doms. Auf 46 Metern Breite bewegen zwölf Raupenfahrwerke mit einer Antriebsleistung von 16.560 kW (elektrischer Antrieb) und einer Geschwindigkeit von 2 – 10 Metern pro Minute, also maximal 600 m/h, das 12.840 Tonnen (12.800 VW Golfs) schwere Gerät entlang der Förderstelle. Das 21,6 Meter durchmessende Schaufelrad fördert mit 18 Schaufeln (Nenninhalt von 6,6 m³/Schaufel) bis zu 240.000 fm³ Abraum am Tag. Vier Motoren mit je 840 kW bringen das Rad auf eine Schüttungszahl von 48 Schaufeln je Minute. Die Tagesschüttmenge füllt allein 16.000 Kieslaster.

Der „kleinere" Bagger 259 wurde im Jahre 1959 von dem Unternehmen O & K für die Rheinbraun gebaut und war bis August 2000 im Tagebau Hohen Scholler/Bergheim stationiert. Immerhin ist dieser Bagger noch 210 Meter lang, 70 Meter hoch und 31

Meter breit. Das Gewicht von 7.800 Tonnen ruht ebenfalls auf zwölf Raupenfahrwerken mit einer Antriebsleistung von knapp 9.500 kW (elektrischer Antrieb) bzw. einer Geschwindigkeit von 2 – 8 m/min. Das mit 2 x 750 kW angetriebene Schaufelrad mit zehn Schaufeln à 2,6 m³ Nenninhalt liefert eine Schüttungszahl von 44 Schaufeln in der Minute entsprechend einer Tagesschüttmenge von 110.000 Tonnen.

Betriebliche Maßnahmen und optimale Geräteauslastung machten den Einsatz des Baggers 288 in Hambach nicht mehr notwendig. Das Unternehmen Rheinbraun entschloß sich, diesen Bagger im Tagebau Garzweiler einzusetzen, wo bisher u.a. nur ein Bagger dieser Größenordnung eingesetzt wurde.

Entsprechend war durch die Entkohlung des Tagebaus Hohen Scholle/Bergheim, dem Arbeitsplatz des Baggers 259, eine Umsetzung des Baggers erforderlich. Bagger 259 sollte zukünftig anstelle des Baggers 288 in Hambach seinen Dienst verrichten.

Unter dem 70 Meter hohen Bagger 259 arbeiten drei Dozer an der Vorbereitung des Untergrundes. Der aufgeweichte Boden wird etwa einen Meter tief abgeschoben und aufgefüllt mit einem Gemisch aus Kies und Sand

Die Dozer CAT D 8 mit je 310 PS beim „Einbau" des neuen Untergrundes (Bild oben und Bild Mitte)

Die Feinarbeit übernimmt hier ein Raddozer von Volvo

Der Abbau der Stahlriesen am alten Arbeitsplatz und der Transport in Einzelteilen wäre zeitraubend und viel teurer als eine Überlandfahrt der Giganten, die mit 15 Mio. DM auch nicht gerade billig werden sollte. So plant man minutiös eine Route und trifft alle Vorbereitungen, so daß die Giganten sich aus eigener Kraft an ihren neuen Arbeitsplatz begeben können. Ein 70 Mann starkes Projekt-Team ist über mehrere Monate damit beschäftigt, die Dienstreise der beiden Großgeräte vorzubereiten.

Allein der Bagger 288 wird planmäßig drei Wochen brauchen, um die 22 km lange Strecke von Hambach nach Garzweiler zu überwinden. Bagger 259 muß immerhin noch 16 km von Bergheim nach Hambach zurücklegen. Die direkte Verbindung kommt allein wegen der besonderen Anforderungen, die eine solche Trasse stellt, nicht in Frage. Ein Kurvenradius von 100 Metern beim Bagger 288 erfordert einen weiten Kurvenbogen, zudem können Schaufelradbagger dieser Dimension nur sehr begrenzt Steigungen oder Gefälle überwinden.

Die Trasse muß ausreichend tragfähig sein. Der Boden – zumeist in landwirtschaftlicher Nutzung – wird stabilisiert, indem man z. B. frühzeitig Gras ausgesät hat, um Stauwasser abzuleiten. Wo die Tragfähigkeit nicht ausreicht, wird Kies und Erdreich angeschüttet, damit der Boden dem Gewicht der Bagger nicht zu sehr nachgibt.

Mit knapp 13.000 Tonnen ist Bagger 288 nicht gerade ein Leichtgewicht. Die Auflagefläche besteht aus zwölf Raupenfahrwerken, die in drei Gruppen zusammengefaßt sind und von denen jedes 3,80 Meter breit ist. Diese breite Auflage verteilt das große Gewicht optimal, so daß der Bagger mit einem mittleren Bodendruck von 17,1 N/cm^2 bei guter Beschaffenheit des Untergrundes für eine Querfeldeinfahrt durchaus geeignet ist.

Hindernisse auf der Strecke, wie Bäume, Sträucher, Einfriedungen und auch Hochspannungsmasten, müssen umgelegt bzw. wiederhergestellt werden, sobald die Kolosse vorbei sind. Das gleiche gilt für überquerte Straßen, Wege und Gewässer. Straßen und asphaltierte Wege werden bis zu einem Meter mit einem Sand-Kies-Gemisch belegt, um den Asphalt nicht zu schädigen. So werden entlang der Strecke Dünen aus Sand und Kies aufgeschüttet, um bei Bedarf sofort nutzbar zu sein.

Ebenfalls bei der Planung berücksichtigt werden muß die Tatsache, daß beide Bagger elektrisch angetrieben werden. Dazu führen sie jeweils eine Kabeltrommel mit einem Kilometer Stromleitung mit sich, die auf dem Weg über verschiedene Einspeisungspunkte für die Versorgung mit der nötigen Elektrizität sorgt. Das Kabel – im Fachjargon „Nabelschnur" genannt – wird an der Einspeisungsstation angeschlossen und rollt sich dann auf dem Weg ab. Sobald es zu Ende ist, erreicht der Bagger den nächsten Versorgungspunkt. Im Notfall sind immer Servicefahrzeuge mit Ersatz- und Verlängerungskabeln unterwegs. Das Kabel, welches mittlerweile an der ersten Station abgenommen wurde, wird aufgerollt und wieder angeschlossen, um auf dem nächsten Kilometer die Stromversorgung zu gewährleisten.

Die Bagger kommen sich zunächst entgegen und treffen sich auf Höhe der A 61, die sie laut Planung am 10. Februar 2001 nacheinander überqueren sollen. Dann nimmt der Bagger 259 auf seinem Weg nach Hambach die vorbereitete Route des Baggers 288 auf. Diese teilweise Doppelnutzung der Trasse mindert die Flurschäden und damit die Kosten der Reparation, ist also sowohl ökologisch als auch ökonomisch am sinnvollsten.

Die Planung ist so gut wie perfekt. Doch erstens kommt es anders und zweitens, als man denkt…

Kurz vor dem Rendezvous der Bagger fährt sich das Beladegerät des 259 tief im Schlamm fest. Beim Befreiungsversuch erleiden die Getriebe schwere Schäden

Hier ein Blick auf das offene Getriebe mit seinen bis zu 500 kg schweren Zahnrädern

Die Open-Air-Reparatur erfordert einiges an Werkzeug und Gerätschaften. Kompressoren, Stromaggregate und Schweiß-geräte werden herangeschafft. Es hat den Eindruck, als wenn ganze Werkstätten aufs freie Feld gebracht wurden, um den Bagger wieder flott zu machen

Nach der Reparatur ist Bagger 259 auf dem Weg zum Treffen an der A61. Zwölf Raupenfahrwerke mit einer Antriebs-leistung von knapp 9.500 kW verteilen den Bodendruck optimal. Auf diesem Foto ist gut zu erkennen, daß der Bagger auf dem frischen Sand-Kies-Gemisch kaum Fahrspuren hinterläßt

Ein Riese auf Ketten

Im Bewußtsein, daß das Wetter auf jeden Fall der Schwachpunkt in ihrer Planung ist, wählen die Verantwortlichen u.a. den Februar, weil dort am ehesten mit Bodenfrösten zu rechnen ist.

Doch das Wetter spielt nicht mit. Anstelle eines 30 cm tiefgefrorenen Bodens schneit es bei Temperaturen um den Gefrierpunkt. Das dann einsetzende Tauwetter bringt Regen mit sich. Der Untergrund ist schlammig und durchweicht.

Am 03. Februar 2001 verläßt Bagger 288 seinen Standort und macht sich auf den Weg zum Rendezvous mit Bagger 259 an der A 61. Vorgesehen war die Überquerung für den 10. Februar 2001. Bereits auf der dritten Etappe zwischen Elsdorf und Giesendorf kommt der Gigant dann in erste Schwierigkeiten. Das Beladegerät (der hintere Teil des Baggers, verbunden mit dem Förderband) versinkt in der verschlammten Piste. Mit Handschaufeln werden die eingefahrenen Ketten ausgegraben und die Senke wird mit Strohballen ausgelegt. Die Energiezufuhr wird erhöht, um die Maschinenleistung zu steigern, damit der Bagger sich selbst befreien kann. Die begleitenden Raupenfahrzeuge helfen dem Ungetüm aus seiner Misere. Nach einigen Stunden harter Arbeit kann der Bagger seinen Weg fortsetzen.

Zwischen der B55 und der L276 steht der 210 Meter lange Gigant kurz vor der Überquerung der L276. Die Straße muß noch vorbereitet werden. Dazu wird das am Straßenrand gelagerte Sand-Kies-Gemisch bis zu einem Meter auf der Asphaltierung verteilt, um diese vor den 7.800 Tonnen Gewicht des Baggers ausreichend zu schützen

Schlechter ergeht es da dem Bagger 259. Auch er startet wie geplant und fährt sich am vierten Tag vor der Überquerung der Erft fest. Obwohl während der ganzen Fahrt drei große Dozer, u.a. auch CAT D 8, damit beschäftigt sind, den durchweichten Unter-

Bei der Vorbereitung der Trasse kommen viele unterschiedliche Baufahrzeuge zum Einsatz. Der überwiegende Teil gehört zum Fuhrpark der Rheinbraun, u.a. O & K, Kaelble, Volvo, CAT

Die Stromversorgung der Bagger erfolgt über verschiedene Einspeisestationen. Für den ersten Kilometer hat der Bagger sein Kabel an Bord. Am nächsten Einspeisepunkt übernimmt er ein neues Kabel von einem Kabelwagen. Das eigene Kabel bleibt liegen und wird später ebenfalls vom Kabelwagen wieder aufgenommen. Die drei Bilder zeigen eine CAT D 8 mit einem leeren Kabelwagen

grund auf einer Transportbahnbreite von 60 Metern abzutragen und Sand und Kies zur Befestigung der Trasse aufzuschütten, ereilt Bagger 259 das gleiche Schicksal, wie seinen Kollegen. Auch hier ist es der hintere Teil, das Beladegerät, das tief im Schlamm versinkt. Die Begleitmannschaft beginnt sofort, das Kettenwerk freizuschaufeln. Hilfsmittel zur Befestigung des Untergrundes werden unterlegt. Immer wieder versucht der Bagger, sich aus eigenem Antrieb aus dem metertiefen Schlamm zu ziehen. Dabei wird das Getriebe des Beladegerätes derart überlastet, daß es im wahrsten Sinne des Wortes „verreckt". Eine schnelle Reparatur ist nicht möglich. Einige Getriebeteile sind völlig zerstört. Zu allem Unglück liegen entsprechende Ersatzteile nicht auf Lager, sondern müssen erst angefertigt werden.

Der Bagger steht still und mit ihm das ganze Unternehmen. Da sich die Bagger die Trasse teilen, kann auch Bagger 288 seinen Weg solange nicht fortsetzen, bis Bagger 259 repariert ist. Das Treffen der Giganten an der A 61 muß verschoben wird.

Dieser unplanmäßige Halt löst beim 40 Mann starken Begleittroß allerdings nur gemäßigte Unruhe aus. Sich professionell mit den Gegebenheiten bekannt machen und zügig Abhilfe schaffen ist die Devise dieser Fachleute.

Einstweilen haben ganze Schulkassen und Kindergartengruppen einen neuen Abenteuerspielplatz entdeckt. Während die Reparaturmannschaften in der kommenden Woche in zwei Schichten damit beschäftigt sind, den Bagger bzw. das Beladegerät wieder auf seinen Weg zu bringen, bestaunen scharenweise Ausflügler den „kranken" Giganten.

Sieben Tage später rollt Bagger 259 der nächsten großen Herausforderung entgegen, der Überquerung der A 61.

Bereits am Morgen des 17. Februar 2001 wird die Autobahn gesperrt. Leit- und Mittelplanken werden abgeschraubt, Randbepflanzungen entfernt. Der Autobahnabschnitt wird auf Transportbahnbreite mit 5.000 m³ Sand-Kies-Gemisch einen Meter hoch aufgeschüttet. Die Beschaffenheit der Autobahn darf unter keinen Umständen beeinträchtigt werden.

Um 22.00 Uhr kommen die Bagger diesseits und jenseits der Autobahn an. Sowohl aus der näheren Umgebung als auch aus ganz Deutschland und dem anliegenden Ausland haben sich hier 10.000 Menschen versammelt, um in Volksfeststimmung dem anstehenden Schauspiel beizuwohnen.

Wie geplant setzt der Geräteführer seinen „259" zuerst in Gang. Der bewegt sich so langsam, daß eine vollbeladene Honigbiene ihn lässig würde überholen

MB 3544 8x6 (440 PS) mit Ladekran. Der MB ist das Begleitfahrzeug für einen Autokran, der bei der Befreiungsaktion des 288 zum Einsatz kommt (Bild oben und Bild rechts)

MB 1929 4 x 4 (290 PS) mit Hänger. Diese Fahrzeuge sind bei den Reparaturen damit beschäftigt, die Gerätschaften heranzufahren

MB 2024 4x4 (240 PS) mit Fernverkehrkabine und Ladekran. Erwähnenswert ist, daß der Fahrer den Kran von der Kabine aus durch das Seitenfenster bedienen kann. Zu diesem Zweck wurden die Hebel verlängert

MAN 10.224 4x4 (240 PS) mit großer Kabine für eine hintere Sitzreihe

Bremach Transporter 4x4. Das Allradfahrzeug aus Italien ist vorne Bus und hinten Kastenwagen. Optimal für Mannschaft und Gerät

Der Bagger mit Beladegerät ist 240 Meter lang und damit weltweit der Größte seiner Art

können. Stück für Stück schiebt sich das Gerät die Trasse entlang und überwindet das Hindernis in weniger als einer Stunde problemlos unter dem Beifall der Schaulustigen.

Die Erde bebt, als Bagger 288 seine Motoren anwirft. Im gleißenden Licht hebt sich das metallene Ungeheuer gegen die Dunkelheit ab. 13.000 Tonnen

Bagger 288 wurde 1978 von Krupp/Siemens für die Rheinbraun für den Braunkohle-Tagebau gebaut

Stahl brüllen. Willkommen im Jurassic Park. Zentimeter für Zentimeter pflügen sich die Ketten durch den Kies, und der Betrachter stellt fest, daß er hier irgendwie den Bezug zur Realität verliert. Man muß sich wirklich in Erinnerung rufen, daß es sich bei dem Kraftprotz um technisches Gerät handelt, eine Maschine, die nur funktioniert, weil seine fünfköpfige Besatzung konzentrierte Arbeit leistet.

Eine Dreiviertelstunde später hat auch der „288" die Etappe gemeistert. Sofort beginnen die Aufräumarbeiten. Die Autobahn muß am nächsten Vormittag wieder freigegeben werden.

Mit einer Woche Verspätung übernimmt „259" jetzt die Trasse von „288" und wird in knapp fünf Tagen am neuen Arbeitsplatz erwartet.

Bagger 288 wird noch vierzehn Tage unterwegs sein, bis daß er in Garzweiler seinen Dienst aufnimmt.

96 Meter hoch ist der Gigant. Das entspricht zwei Drittel der Höhe des Kölner Doms. Die Breite mit 46 Meter liegt nahe der Breite eines Fußballfeldes

Der Durchmesser des Schaufelrades mit 18 Schaufeln beträgt 21,6 Meter. Die Förderleistung beträgt 240.000 fm³. Seitlich befinden sich die Steuerstände für die Bedienmannschaft

Das 13.000 Tonnen schwere Hauptgerät des Baggers fräst sich durch eine Wiese. Durch das rechtzeitige Aussähen von Gras wird das Stauwasser abgeleitet, dennoch hinterläßt der Bagger auf diesem guten Untergrund bis zu 50 cm tiefe Spuren

Auf schlechtem Untergrund passiert dann dieses: Bagger 288 hat sich festgefahren. Unter Einsatz schweren Geräts kann der Bagger befreit werden

Trolley-Muldenkipper

von Heinz-Herbert Cohrs

Die wichtige Frage nach den Energiekosten macht auch vor Bergbaubetrieben keineswegs Halt. Daher wird aus verständlichen Gründen angestrebt, die energieverschlingende Abraum- und Rohstoffförderung wirtschaftlicher zu gestalten. Besonders zur Reduzierung des Kraftstoffverbrau-

ches von Muldenkippern im unter- und übertägigen Einsatz werden Antriebsalternativen gesucht.

Beim elektrischen Radnabenantrieb, der ursprünglich von Porsche für Kriegsfahrzeuge erdacht und von R. G. LeTourneau für schwerste Erdbewegungsmaschinen entwickelt wurde, erzeugt ein Verbrennungsmotor über einen Generator Strom, der in den Radnaben E-Motoren antreibt.

Da diesel-elektrische Muldenkipper über diese Antriebsform verfügen, bietet sich die Stromzuführung mittels Oberleitung an, besonders an langen Auffahrrampen. Deshalb fahren und fuhren in einigen Über- und Untertagegruben Muldenkipper an Trolley-Leitungen.

Muldenkipper an der Oberleitung – eigentlich ist das gar nicht so abwegig wie sich zunächst vermuten läßt. Denn Ursprünge der Stromzuführung per Oberleitung finden sich – wer hätte das gedacht? – im Bergbau, zwar nicht wie bei den Muldenkippern im Tagebau, aber in den dunklen, langen Stollen der Untertagegruben.

Oberleitung und Stromabnehmer sind von der Eisenbahn her bestens bekannt, aber statt einer Lokomotive "hängen" in dichter Folge schwerste Muldenkipper am Fahrdraht !? Dank des diesel-elektrischen Antriebs vieler großer Muldenkipper lohnt sich der sogenannte Trolley-Betrieb in manchen Tagebaubetrieben, bewirkt er doch diverse erstaunliche Vorteile.

Trolley-Entwicklung

Schon die erste elektrische Grubenlokomotive, von Siemens 1882 an die Steinkohlenzeche Zaukerode in Sachsen geliefert, erhielt ihre Antriebsenergie von zwei Stromschienen, die am First des 260 m tiefen Stollens befestigt waren. Die Stromabnehmer der kleinen Lok liefen mit Rollen an diesen Schienen entlang. Die gelungene Konstruktion blieb über 45 Jahre bis 1927 im Einsatz.

In unseren Landen sind Trolleysysteme, abgesehen von Straßen- und Eisenbahn, in erster Linie aus vergangenen Zeiten vom "O-Bus" her bekannt. Das Konzept der Oberleitungs-Stromzuführung wurde schon 1869 von Charles J. van Depoele ersonnen, einem in die Vereinigten Staaten emigrierten Belgier. Er entwickelte für eine kurze Bahnlinie ein Trolley-Konzept, verkaufte es aber 1888 an die Thomson-Houson Electric Co., die in General Electric aufging – ein Unternehmen, das bis heute in starkem Maße an der Entwicklung diesel-elektrischer Radnabenantriebe für Muldenkipper beteiligt ist.

Die bis heute verbreitete Art, den stromführenden Draht mit einem Bügelstromabnehmer zu bestreichen, wurde 1889 von Walter Reicher entwickelt, der später Chefkonstrukteur für elektrische Lokomotiven bei Siemens war. Werner von Siemens experimentierte bereits seit 1882 in Berlin mit "O-Bussen".

Erd-, Fels-, Aushub- und Abraummassen wurden in der ersten Hälfte des 20. Jahrhunderts auf Gleisen transportiert, und insofern spielten auch bei solchen Arbeiten Lokomotiven eine wichtige Rolle. Bevorzugt wurden jedoch bis nach dem 2. Weltkrieg kleine, kompakte Dampflokomotiven, da sie die Stromzuführung per Oberleitung und das dann unvermeidliche Nachrücken der vielen Leitungsmasten ersparten. Dennoch kamen auch viele Elektroloks zum Einsatz, besonders bei vergleichsweise recht stationären Bergbaustrecken.

Niemand wäre damals auf die Idee gekommen, die umständlichen Oberleitungen ausgerechnet auch für den Abraumtransport mit Lkw zu verwenden, denn größere Muldenkipper mit Nutzlasten von mehr als 20 oder 30 t gab es noch nicht. Das Trolley-Konzept wurde erst interessant, als in den fünfziger Jahren mutige Konstrukteure die ersten diesel-elektrisch angetriebenen Muldenkipper auf die Räder stellten. Maßgeblich an dieser Entwicklung war der Amerikaner R. G. LeTourneau beteiligt. Mit seinem "Electric Wheel" (elektrisches Rad) legte der geniale

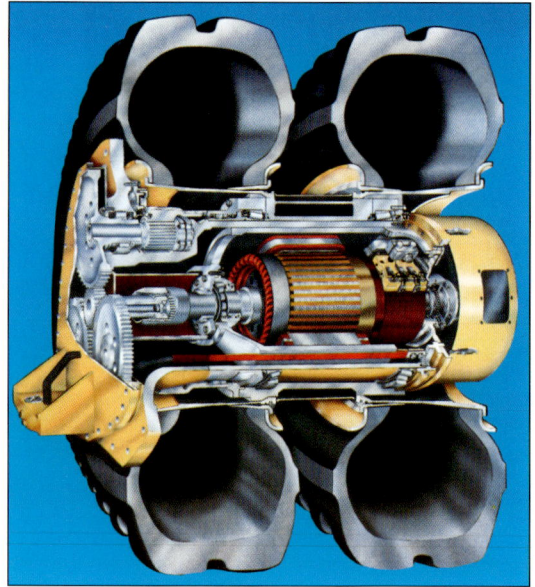

Dieses "Motorized Wheel", ein Radnabenmotor von General Electric, ist für Muldenkipper mit 220 bis 280 t Nutzlast vorgesehen. Die Enduntersetzung links im Bild reduziert die Drehzahl des E-Motors auf ein vernünftiges, praxisgerechtes Maß bei gleichzeitiger Drehmomentverstärkung.

Amerikaner in den fünfziger Jahren den Grundstein für den diesel-elektrischen Antrieb, wie er bis heute in zahllosen Tagebau-Muldenkippern genutzt wird. Mehr als 25 Mio. Dollar investierte LeTourneau in die Konstruktion, denn jedes der elektrischen Räder sollte ein in sich geschlossenes Antriebspaket werden.

Beim diesel-elektrischen Radnabenantrieb erzeugt ein Dieselmotor mit einem Generator Strom, der an der Felgeninnenseite jedes Antriebsrades in einem Elektromotor mit Getriebeuntersetzung in exakt steuerbare Antriebskraft gewandelt wird. Bedarfsweise läßt sich die Stromzuführung durch Hilfsmittel wie Trolleyleitungen erheblich verstärken. Folgerichtig baute LeTourneau 1958 den ersten großen Trolley-Muldenkipper der Welt.

Bei den Bergbaubetrieben werden Trolleyanlagen aus verschiedenen Gründen installiert. Durch den Trolleyeinsatz werden bei sinkenden Kraftstoff- und somit Energiekosten höhere Fahrgeschwindigkeiten an steilen und/oder langen Auffahrrampen erzielt. Zudem ist eine längere Lebensdauer verschiedener Antriebskomponenten zu verzeichnen, beispielsweise der Dieselmotoren, was den Wartungsaufwand entsprechend reduziert.

Allerdings haben Trolley-Systeme beim Muldenkipperbetrieb auch Nachteile. Das beginnt mit der

Die ersten Trolley-Muldenkipper – 27 t ladende Kenworth - wurden ab 1956 in Kalifornien untertage mit Kalkstein beladen. Unter der bulligen Haube war allerdings kein Dieselmotor mehr, denn die Kipper wurden ausschließlich elektrisch angetrieben.

Die gesamte Förderstrecke der Kenworth-Kipper war eine Meile (1,6 km) lang, von der rund 1200 m über eine zehnprozentige Steigung führten. Immerhin zogen die Trolley-Kipper mit ihren 27 t Nutzlast dort mit flotten 16 bis 19 km/h Tempo hoch.

stärkeren Belastung der Endantriebe aufgrund der höheren Fahrgeschwindigkeiten. Die Installation und der Betrieb einer Vielzahl von elektrischen Einrichtungen ist kostspielig. Eine einmal aufgebaute Oberleitungsstrecke kann ohne große Kosten nicht mehr geändert werden.

Die Fahrwegbenutzung und Umlauffrequenz der Muldenkipper muß sorgsam durchorganisiert sein, um Stauungen und überflüssige Oberleitungen zu vermeiden. Außerdem muß der Muldenkipper eine Anfangsgeschwindigkeit von etwa 8 km/h haben, bis das Trolley-System zugeschaltet werden darf, damit die elektrische Anlage nicht beschädigt wird.

Ausgefeilte Trolley-Technik

Die Errichtung einer Trolleyanlage erfordert einen beachtlichen Planungs- und Bauaufwand. Dazu gehören die topographische Einmessung der Maststandorte, das Bohren der Mastfundamentlöcher, die Mast- und Kettenwerksmontage, die Vormontage der Stahlrohrmaste und Mastausleger sowie die Tragseilmontage zur Halterung der beiden Fahrdrähte.

Zum Unterwerk der Trolleyanlagen zählen Schalthäuser und Traggerüste mit Transformatoren und Gleichrichtern. Derartige Umspannstationen können

auch, falls von Anfang an eine Versetzung der kompletten Oberleitungsführung geplant ist, auf Kufen angeordnet und damit von Schleppfahrzeugen bewegt werden.

Für die eigentliche Muldenkipper-Oberleitung sind unterschiedliche Bauweisen möglich. Ein System, durchaus ähnlich den Eisenbahnoberleitungen, wird dauerhaft installiert. Die Stromleitungen aus Kupfer hängen dabei an Ketten. Jeweils zwei Leitungen liegen übereinander und sind miteinander verbunden, um Spannungsdifferenzen auszugleichen.

Eine andere Oberleitungsart für Muldenkipper besteht aus starr aufgehängten Aluminium-T-Profilen mit nichtrostender Stahlbeschichtung an der Unterseite zur Stromabnahme. Bei diesem System werden die Muldenkipper mit einarmigen, drehbar gelagerten Stromabnehmern ausgestattet. Den Kontakt mit dem starren T-Profil übernehmen Kohlekontaktschuhe, die nahezu verschleißfrei sind und ohne Schmiermittel auskommen.

Das System mit starren Profilen ist das teuerste aber auch stabilste und dank seiner baukastenähnlichen Konzeption leicht anderenorts weiterzuverwenden. Die Strommasten können auf mit Steinen beschwerten Grundplatten befestigt sein, so daß sie von Radladern oder anderen Hilfsmaschinen problemlos und schnell zu versetzen sind, um eine gewisse Flexibilität in der Trolley-Streckenführung zu erzielen.

Am Anfang der elektrifizierten Strecken sorgt ein kurzer, etwa 10 m langer Einleitungsabschnitt für die Führung der Muldenkipper-Stromabnehmer, bis der Kontakt zur Oberleitung selbst hergestellt ist. Dieser oder ähnliche Einleitungsabschnitte sind bei allen Trolley-Systemen erforderlich. Ein aus Reflektoren und Lampen bestehendes Leitsystem erleichtert den Fahrern das Einfahren unter die Leitung und die Spurhaltung, besonders auch im unübersichtlichen Nachtbetrieb.

Die Befestigung der Stromabnehmer-Arme kann am Muldenkipper vor dem Kühler oder an der Vorderkante oben an der Mulde erfolgen. Eine dritte Möglichkeit bietet sich mit einem nahe dem Fahrerhaus montierten Hilfsgestell, auf dem der Stromabnehmer beweglich gelagert ist. Wichtig ist das möglichst freie Sichtfeld des Fahrers, das vom Stromabnehmer und seiner Halterung aus Sicherheitsgründen nur geringfügig beeinträchtigt werden darf.

Die Stromabnahme zum Muldenkipper erfolgt mit einarmigen oder, inzwischen häufiger, mit Scherenstromabnehmern in einfacher oder Zwillingsausführung. Je etwa 3 m breite Kohlekontaktbügel gewährleisten auch bei kleineren Lenkfehlern den ständigen Kontakt zur Oberleitung. Anfänglich verwendete Eisenkontaktbügel mußten geschmiert werden und zeigten eine zu hohe Abnutzung.

Grundsätzlich sind wegen des Minus- und Pluspols zwei Stromabnehmer und Stromführungen erforderlich. Die Stromabnehmer werden hydraulisch oder durch Druckluft ausgefahren. Wichtig ist ein stetiger, leichter Andruck an die Oberleitung, und dies besonders beim Ausgleich von Höhendifferenzen, die beispielsweise aufgrund von Fahrbahnunebenheiten und unterschiedlich schweren Zuladungen unvermeidlich sind.

Zur Umrüstung eines dieselelektrisch angetriebenen Muldenkippers auf Trolley-Betrieb sind wenige zusätzliche Baukomponenten nötig. Neben der Halterung für den Stromabnehmer werden nur eine Trolley-Zusatzeinrichtung sowie einige Kontrollen zur Regelung und Schaltung des Oberleitungsstromes installiert.

Der Fahrer schaltet am Beginn der Oberleitungsstrecke mittels Handhebel in der Kabine vom normalen Diesel-Generator-Betrieb auf Trolley-Betrieb um. Damit fahren auch die Stromabnehmer aus, gleichzeitig werden die Gleichstromradnabenmotoren, die bei älteren Muldenkippern parallel geschaltet sind, in Reihe umgeschaltet. Dadurch benötigen die Gleichstrommotoren 50 Prozent weniger Strom. Das hat zudem den Vorteil, daß sich der Spannungsabfall im Oberleitungsnetz in Grenzen hält, so daß Fehlströme in den Umspannstationen vermindert werden und die Blindleistung im Wechselstromverteilersystem reduziert wird. Die verminderten Ankerströme bedingen geringere Wärmeerzeugung in den Radnabenmotoren. Deshalb können im Trolley-Betrieb längere Steigungsstrecken ausdauernd und schnell befahren werden, ohne die Nutzlast verringern zu müssen. Das Drehmomentverhalten der Gleichstrom-Radnabenmotoren ist direkt von der Oberleitungsspannung und der Drehzahl der Motoren abhängig.

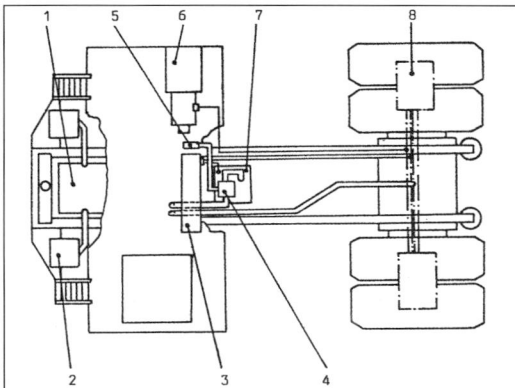

Komponenten der diesel-elektrischen Kraftübertragung bei Muldenkippern: 1-Dieselmotor, 2-Luftfilter, 3-elektrische Regelung, 4-Kühlgebläse, 5-Luftfilter für Gebläse, 6-Brems-Heizwiderstände, 7-Generator, 8-Radnabenmotor in beiden Zwillingsreifen

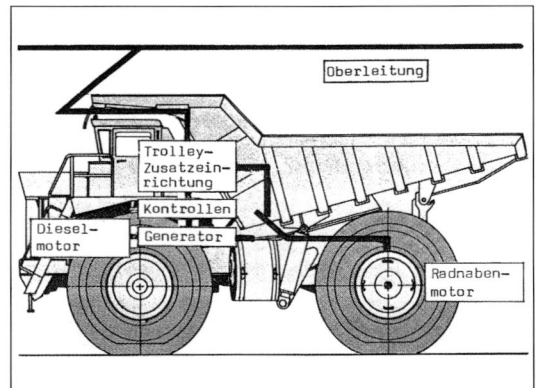

Für den Trolley-Betrieb eines diesel-elektrisch angetriebenen Muldenkippers sind nur wenige Modifikationen erforderlich. Neben den zusätzlichen elektrischen Kontrollen und Regelungen spielen die (hier nicht eingezeichneten) Stromabnehmer eine bedeutende Rolle.

Elektrischer Radnabenantrieb in Kombination mit einer Oberleitung wurde bei Muldenkippern erstmals von R. G. LeTourneau realisiert. Beim LeTourneau-Knicklenker TR-60 trieben vier Radnaben-Elektromotoren von je 300 kW Leistung alle vier Räder an. Hier rangierte der TR-60 ohne Oberleitung auf der Abraumkippe, diesel-elektrisch angetrieben von seinem 335 PS-Hilfsantrieb samt Generator.

Vor das Hinterachsdifferential war bei den Kenworth-Muldenkippern ein 350 PS starker E-Motor vom Locomotive & Car Equipment Department der General Electric Co. montiert, der ursprünglich für Rangierlokomotiven konzipiert wurde.

Betonfahrbahnen und Oberleitung für Transportfahrten über weite Distanzen – so sollten 26 m lange und 1980 PS starke, diesel-elektrische Bodenentleerer wie der Cat 786 für 220 t Nutzlast Mitte der sechziger Jahre bei geringen Rollwiderständen mit Höchsttempo unterwegs sein.

Dies war der erste größere und langjährige Einsatz trolley-getriebener Muldenkipper im Tagebau: Im fernen Labrador im Norden Kanadas befuhren KW-Dart mit 77 t und, hier abgebildet, "Lectra Haul" M-100 von Unit Rig mit 90 t Nutzlast eine 2,4 km lange Steigung von 10 Prozent.

Während der Beschleunigung des Muldenkippers am Anfang der Oberleitungsstrecke sind zusätzliche Maßnahmen erforderlich, um den Ankerstrom in den Radnabenmotoren zu begrenzen. Anderenfalls würden Beschleunigungen auftreten, denen die Planetenenduntersetzungen in den Radnaben nicht standhalten könnten. Außerdem würden Kommutierungsprobleme und erhöhter Reifenverschleiß Sorgen bereiten.

Deshalb kam man auf die Idee, Widerstände vorzuschalten, die stufenweise gemindert werden. Bis in die frühen achtziger Jahre wurden die Umschaltungen der Widerstände in Abhängigkeit von der Geschwindigkeit in drei Stufen vorgenommen. Weil die Geschwindigkeit jedoch bei wechselnden Belastungen des Muldenkippers, verschiedenen Reifenabnutzungsgraden, Reifendrücken und Rollwiderständen in unterschiedlicher Weise vom Ankerstrom abhängt, erfolgt die Umschaltung der Widerstände

bei modernen Muldenkippern durch elektronische Meßverfahren proportional zum Ankerstrom wesentlich genauer in sieben oder mehr Stufen.

Auf diese Weise kann eine relativ gleichmäßige Beschleunigung von etwa 0,335 m/s^2 eingehalten werden, die sich für Muldenkipper als günstig erwiesen hat. Die Beschleunigung ist daher direkt von der Fahrgeschwindigkeit abhängig, wobei jeder Muldenkipper mit einer Anfangsgeschwindigkeit von 7 bis 9 km/h in die Oberleitungsstrecke einfahren muß, um die Radnabenmotoren nicht übermäßig zu belasten.

Der Dieselmotor des Muldenkippers läuft während der Zuschaltung des Oberleitungsstromes mit Leerlauf-Drehzahl weiter, da er Lenkpumpen, Kühlgebläse, Druckluft- und/oder Hydrauliksysteme und mehr zu versorgen hat.

Der Fahrer muß während des Trolley-Betriebs aus Sicherheitsgründen das Gaspedal voll durchtreten, anderenfalls werden die elektrischen Radnabenmotoren sofort automatisch vom Oberleitungsstrom abgeschnitten, damit der Muldenkipper im Leerlauf ausrollen kann. Beim Auftreten von Kriechströmen, die zum Erdschluß führen könnten, werden die Stromabnehmer automatisch eingefahren und der Muldenkipper auf diesel-elektrischen Antrieb umgeschaltet.

Frühe Trolley-Muldenkipper

Als erster Einsatzort trolley-getriebener Muldenkipper gilt der Kalksteinbruch der Riverside Cement Co. in Crestmore, Kalifornien. Dort fuhren von 1956 bis immerhin 1971 vier Kenworth-Kipper mit 27 t Nutzlast an Trolley-Leitungen von 550 V Spannung. Der Steinbruch war in jeder Hinsicht ungewöhnlich, denn der Kalkstein wurde Untertage gewonnen.

Dies gab auch Anlaß für das Trolley-Konzept, denn die auf andere Weise kaum zu bewältigende Staubplage und mangelnde Luftventilation ließen Dieselbetrieb nicht mehr zu. Anders als bei allen späteren Trolley-Einsätzen fuhren diese Muldenkipper nicht diesel-elektrisch. Stattdessen hatte man ihre

Dieselmotoren entfernt und verließ sich voll und ganz auf die Stromzuführung per Oberleitung und an der stetig weiter wandernden Ladestelle auf Kabelrolle und Steckdose.

1958 kamen 68 t tragende, knickgelenkte Prototypen von R. G. LeTourneau im Kupfertagebau der Anaconda Copper Co. in Arizona zum Einsatz. Um Treibstoff zu sparen, konnten sich die LeTourneau-Knicklenker an Steigungsstrecken an eine Oberleitung mit 600 V Spannung anschließen und auf diese Weise mit 68 t Nutzlast 15-prozentige Steigungen mit etwa 19 km/h Geschwindigkeit bewältigen. An den Be- und Entladestellen, wo aufgrund der wechselnden Rangierwege keine Oberleitung errichtet und genutzt werden kann, fuhr der LeTourneau TR-60 mit einem 335 PS starken Hilfsantrieb und Generatorstrom. Die mächtigen Knicklenker wurden im Kupfertagebau Arizonas das erste und einzige Mal eingesetzt.

Tests mit größeren 90-t-Muldenkippern fanden 1967 im Chino-Tagebau der Kennecott Copper Co. in Neu Mexiko statt. Durch die Trolley-Unterstützung an einer 7-prozentigen Steigung ergaben sich Ge-

An den Ladestellen und am Brecher verließen die kanadischen "Lectra Haul" die Oberleitung und fuhren mit eigener diesel-elektrischer Antriebskraft. 1971 waren das bei diesem M-100, der beladen massige 151 t auf die Waage brachte, 920 PS aus einem 12-Zylinder-2-Takt-Motor von Detroit Diesel.

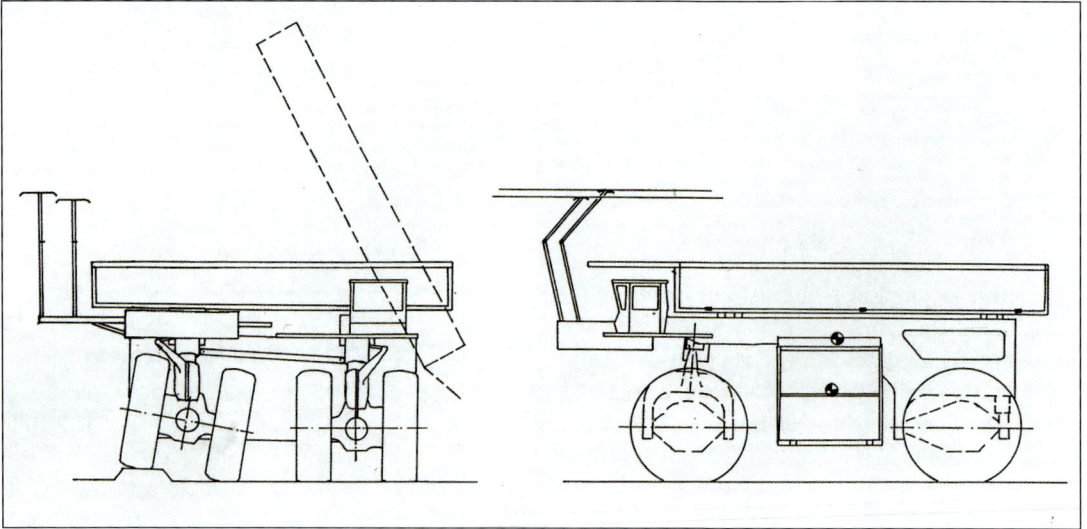

Der legendäre Riesenmuldenkipper VCON 3006 wurde nicht nur als Hinter-, sondern auch als Seitenkipper mit Stromzuführung durch Trolley-Leitungen konzipiert. Derartige VCON-Versionen, auch mit rein elektrischem Antrieb, hätten schon zu Beginn der siebziger Jahre bis zu 360 t Nutzlast tragen können, wurden aber leider nie gebaut.

schwindigkeitszunahmen von 88 Prozent und Produktionssteigerungen von bis zu 36 Prozent. Hier ist zu berücksichtigen, daß die Muldenkipper Typ Unit Rig "Lectra Haul" M-100 mit 700 PS damals noch vergleichsweise schwach motorisiert waren. Trotz der fabelhaften Trolley-Resultate erschienen 1967 die Kosten für die Modifikation aller Muldenkipper zu hoch. Übrigens wurde der gleiche "Lectra Haul" M-100 ein Jahr zuvor wenig erfolgreich bei Chino mit einem 1000 PS starken Gasturbinenantrieb getestet.

Von 1971 bis 1977 wurden erstmals im großen Rahmen Trolley-Muldenkipper eingesetzt, und zwar im kanadischen Eisenerztagebau Lac Jeannine der

105.600 PS Motorleistung für 10.176 t Gesamtnutzlast stehen an einem der wenigen Ruhetage schön aufgereiht: Im südafrikanischen Eisenerztagebau Sishen wurden jährlich 27 Mio. t Eisenerz gewonnen, dazu stattete man alle 66 Muldenkipper Unit Rig "Lectra Haul" Mark 36 mit Stromabnehmern für den Trolley-Betrieb aus.

Quebec Cartier Mining Co. bis zur Erschöpfung der Rohstoffvorräte. Bei 22 Muldenkippern von KW Dart und Unit Rig mit 77 und 90 t Nutzlast erzielte man Geschwindigkeitssteigerungen bis zu 246 Prozent und eine Reduzierung des Kraftstoffverbrauches um 87 Prozent. Übrigens lieferte dort ein eigenes Wasserkraftwerk den Strom für den Trolley-Betrieb – und während der Testphase zunächst eine "oben" auf einem Rangiergleis abgestellte, diesel-elektrische 1800-PS-Lokomotive.

Besonders in den späten siebziger und frühen achtziger Jahren fand die Idee der Trolleysysteme viele Interessenten. Ursache waren die erheblich ansteigenden Rohölpreise, vorrangig in Südafrika zwischen 1980 und 1985 um 320 Prozent.

Erstmalig wurden dort 1979 im Eisenerztagebau Sishen der South African Iron and Steel Corp. (ISCOR) Oberleitungsstrecken gemeinschaftlich von Unit Rig, Brown & Boveri sowie General Electric getestet. Der Kraftstoffverbrauch verringerte sich bei den 155 t ladenden Muldenkippern von stündlich 320 auf 80 l, die Geschwindigkeit erhöhte sich dabei an einer 1,5 km langen 9-prozentigen Steigung von 12 km/h auf nun 20 km/h. In der Folge rüstete man bei Sishen bis 1982 sämtliche 66 Muldenkipper auf Trolley-Betrieb um, so daß das Trolley-Streckennetz 6,9 km umfaßte.

In den achtziger Jahren zog der afrikanische Tagebau in Nchanga, Palabora, Rössing, Gecamines und Grootegeluk nach. Auch im damals sowjetischen

Kasachstan fanden ab 1985 Versuche mit 75 t fassenden Belaz-Muldenkippern Typ 549 statt. In einem Erztagebau versah man eine 800 m lange Steigung von 8 Prozent mit einer Oberleitung, wodurch das Muldenkippertempo um 25 Prozent gesteigert werden konnte.

Die dank Trolley-Betrieb erzielten Kraftstoffeinsparungen wirkten sich ganz erheblich aus. Seit 1981 wurden im Kupfertagebau Palabora sämtliche 78 Muldenkipper mit 154 t Nutzlast auf Trolley-Stromzuführung umgestellt. Alle wichtigen Auffahrrampen mit einer Gesamtlänge von 7 km erhielten Oberleitungen. Bei 1,7 Mio. Fahrkilometern, die die Muldenkipper allein im Jahre 1986 in Palabora abspulten, konnten immerhin 38 Mio. Liter Kraftstoff eingespart werden. Nach Schätzungen sind auf diese Weise in Palabora über die Lebensdauer des Tagebaues mehr als 500 Mio. Liter Dieselöl zu sparen. Mit Dieselantrieb betrugen die Betriebskosten eines Muldenkippers dort pro Kilometer 8,58 US-Dollar, doch infolge der Trolleyunterstützung sanken die Kosten auf 3,11 US-Dollar.

Die in Palabora vorhandenen 8-prozentigen Steigungen wurden von den beladen etwa 260 t

Auch im Sishen-Tagebau wurde mit verschiedenen Stromabnehmern (Pantographen) experimentiert. Sie bereiteten bei der Entwicklung einsatztauglicher Trolley-Systeme mancherlei Schwierigkeiten. Statt der Scheren-Stromabnehmer erhielt dieser "Lectra Haul" Mark 36 miteinander in der Mitte beweglich verbundene Halbscheren-Stromabnehmer von zweimal 3 m Breite.

Durch den Trolley-Strom erhöhte sich das Tempo der beladen 245 t wiegenden "Lectra Haul" Mark 36 an der 1,5 km langen Steigung mit 9 Prozent Neigung von 12 km/h auf beachtliche 20 km/h. Die schnelleren Fahrzeugumläufe bewirkten hohe Produktionssteigerungen.

In einer solchen Collage stellte der US-amerikanische Muldenkipperhersteller Wabco Mitte der siebziger Jahre die Vorzüge des Trolley-Antriebs an den diesel-elektrischen "Haulpak"-Muldenkippern dar. Anhand der Fahrzeugnummern ist zu erkennen, daß es sich um das Trolley-System des südafrikanischen Sishen-Tagebaues handelte.

Die Wabco 170-D trugen bei Sishen die gleiche Nutzlast wie die "Lectra Haul" Mark 36, und zwar 170 short tons, was 154 metrischen Tonnen entspricht. Sie wurden wahlweise von 1470 PS starken Detroit Diesel- oder von Cummins-Motoren mit 16 Zylindern angetrieben. Beladen wogen die Wabco 170-D 256 t.

Pionierarbeit für Muldenkipper-Trolley-Systeme wurde zweifellos von der südafrikanischen Palabora Mining Co. und Siemens mit der Entwicklung einer bis heute im Einsatz befindlichen Anlage geleistet. Dort fuhren anfänglich 78 Muldenkipper mit Trolley-Antrieb.

Die Erfolge mit Trolley-Mulden-kippern erwogen das Management von Palabora, insgesamt 7 km Strecke mit Ober-leitungen auszu-statten. So sparten die Muldenkipper in nur einem Jahr bei 1,7 Mio. gefah-renen Kilometern 38 Mio. Liter Kraft-stoff ein – täglich waren dies pro "Lectra Haul" Mark 36 etwa 1500 l weniger.

Die endgültige Form und Aus-führung der zwei 3 m breiten Pantographen ließ die Power Engineering Group von Siemens bei der deutschen Firma Stemmann entwickeln. Dieses Bild wurde aller-dings auf dem Montageplatz bei Palabora aufge-nommen und die Oberleitung später hineinretuschiert.

schweren Muldenkippern mit durchschnittlich 20 km/h befahren. Das war 30 bis 50 Prozent schneller als zuvor. Die erhöhten Geschwindigkeiten unter Last verkürzten die Umlaufzeiten, so daß sich die Umläufe pro Fahrzeug und Schicht gleichermaßen erhöhten, was zu einer verbesserten Nutzung der Muldenkipper und zu gesteigerten Transportleistungen führte.

Beim Urantagebau Rössing in Namibia wurde aufgrund der positiven Erfahrungen, die im Nachbartagebau Palabora mit dem Trolley-System gesammelt wurden, entschieden, von bislang vorhandenen 8-Prozent-Auffahrrampen jetzt auf Steigungen von 12 Prozent zu gehen, um die Fahrwege aus der tiefer werdenden Grube zu verkürzen. Dazu mußten die 154-t-Muldenkipper (11 von Euclid und 20 von Wabco) und die Anlage von 2000 A auf 3000 A Dauerstrom umgerüstet werden. Wie in Palabora bewährte sich die Anlage bis heute; dort fahren gegenwärtig elf Komatsu 730E (ehemals "Haulpaks").

Bei Barrick Goldstrike in Nevada, einer der großen Goldminen der Welt, wurde 1994 das erste US-amerikanische Trolley-System (seit der alten Riverside-Anlage) für 26 Mio. US-Dollar in Betrieb genommen, gemeinsam von Bechtel, Dresser und Siemens entwickelt. Dort wurden 73 Muldenkipper des Typs Dresser Haulpak 685E für 172 t Nutzlast auf Trolley-Antrieb vom örtlichen Dresser-Händler umgerüstet. Zunächst wurden vier Trolley-Strecken mit 4,6 km, später sogar mit 7,2 km Gesamtlänge betrieben.

Der bei Barrick Goldstrike vollzogene Schritt ließ damals vermuten, daß viele weitere nordamerikanische Tagebaue wegen hoher Kraftstoffkosten auf Trolley-Betrieb umstellen würden. Doch wenig passierte. Einzig überarbeitete Rössing in Namibia das Trolley-System, um konkurrenzfähig zu bleiben. Man hing eine Flotte von "Haulpak" 730E mit hydraulisch heb- und senkbaren Pantographen an die Oberleitung. Und bei Barrick Goldstrike wurde zu Beginn des Jahres 2001 entschieden, wegen grundlegender Änderungen im Abbauplan das Trolley-System zu entfernen. Wegen der guten Erfahrungen mit Trolley-Muldenkippern bei Sishen entschied man sich bei ISCOR,

In Palabora wurde durch die Trolley-Systeme eine bis zu 80-prozentige Produktivitätssteigerung erreicht. Der Trolley-Betrieb verläuft dort so erfolgreich, daß noch heute 19 Euclid R-190 mit 172 t Nutzlast sowie vier Unit Rig Mark 36 als Wassersprüher und zwei Mark 36 als Kraftstofftanker an der Oberleitung hängen.

Die mit Ladung 254 t wiegenden "Haulpak" 170C erreichten auf der Trolley-Strecke ein beachtliches Tempo von über 20 km/h. Möglicherweise waren dies die schnellsten Trolley-Muldenkipper der achtziger Jahre.

auch für den südafrikanischen Kohletagebau Grootegeluk eine solche Technik zu nutzen. In dieser größten Kohlegrube der südlichen Hemisphäre werden jährlich 54 Mio. t Kohle abgebaut.

Im Jahr 2000 stellte Grootegeluk mit einem Euclid R280 mit Wechselstromantrieb von Siemens den bis dahin größten Muldenkipper Afrikas in Dienst. Der R280 lädt 254 t und ersetzt damit und Dank seiner erhöhten Produktivität zwei oder sogar drei der 28 vorhandenen älteren Muldenkipper. An der 10-prozentigen Auffahrrampe von Grootegeluk soll der R280 beladen ein sehr hohes Tempo von 30 km/h vorlegen, verglichen mit 20 km/h bei Muldenkippern mit herkömmlichen Gleichstromantrieb.

Für den Einsatz des R280 wurde die Oberleitung von 1600 V auf 2600 V umgestellt. Zwar leistet der 16-Zylinder-Motor des R280 normalerweise 2750 PS, doch wird diese Antriebsleistung durch Oberleitungskontakt auf bemerkenswerte 5500 PS hochgefahren, was die elektrischen Radnabenmotoren auch dauerhaft aushalten. Der MTU-Diesel läuft währenddessen automatisch im Leerlauf.

Nur wenig wurde über den Trolley-Betrieb der Gecamines in Zaire bekannt, abgesehen davon, daß "Haulpak" 170C von Wabco mit 154 t Nutzlast unter der Oberleitung fuhren. Auch hier wurden wie in Palabora Scheren-Stromabnehmer als zuverlässigste Lösung gewählt.

Die Trolley-Strecke führte nahe bei Gecamines über eine 3,7 km lange Auffahrrampe mit 9 Prozent Steigung, hier im Endbereich aufgenommen. Die Ampel (3. Mast von rechts) zeigte – ähnlich wie bei der Eisenbahn die Blockabschnitte – den Fahrern der Muldenkipper, ob der jeweilige Abschnitt frei war.

Auch der Uranabbau erfordert große Maschinen, und bei Rössing in Namibia werden sie "aus der Luft" mit Strom versorgt. 20 Exemplare dieser Wabco "Haulpak" 170C für 154 t Nutzlast wurden ab 1986, auf dem System im benachbarten Tagebau Palabora basierend, mit Stromabnehmern und Trolley-Ausrüstung versehen.

Tolle Trolley-Stollen

Untertage erhält der Grubenbetreiber neben den bekannten Vorteilen einer Trolley-Stromzuführung sauberere Luft, was direkt den Installations- und Kostenaufwand für eine ausreichende Ventilation mindert. Bei rein dieselgetriebenen Untertagekippern nehmen Bewetterung und Frischluftzufuhr einen merklichen Anteil an den gesamten Betriebskosten ein. In vielen untertägigen Bergwerken wurde die gleisgebundene oder über Bandanlagen betriebene Förderung von mobileren Fahrzeugen mit Dieselmotorantrieb verdrängt. Weltweit sind Tausende von dieselgetriebenen Untertage-Fahrladern und Muldenkippern aller Größenordnungen bis 50 t Nutztast im Einsatz.

Zur Senkung der hohen Kraftstoffkosten, aber auch aus betriebstechnischen Gründen, erscheinen elektrisch angetriebene Fahrzeuge gerade für die Verwendung untertage als sehr geeignet. Da besonders Muldenkipper zumeist lange, über große Zeiträume unveränderte Stollenstrecken befahren, lag der Gedanke nahe, die Stromversorgung per Oberleitung, sei es Fahrdraht oder Stromschiene, durchzuführen.

Wird elektrisch angetriebenen Muldenkippern im Stollen die Energie per Oberleitung zugeführt, verbindet man die Vorteile der dieselgetriebenen mit denen der elektrischen Fahrzeuge bei gegenseitiger Ausschaltung der jeweiligen Nachteile. Der Trolley-Betrieb untertage bietet folgende Hauptvorteile:

- Kraftstoffeinsparungen und daher geringere Energiekosten (Strom ist in vielen Ländern billiger als Dieselkraftstoff),
- batterieloser Betrieb von sauberen, leisen Elektrofahrzeugen ohne Abgase,
- Steigerung der Produktionsleistung durch schnellere oder stärkere elektrisch getriebene Fahrzeuge,
- schnelleres Befahren langer Steigungen im beladenen Zustand und
- aufwendiger Bau zusätzlicher Belüftungsschächte und -systeme kann entfallen.

Nach schwedischen Untersuchungen wird der Materialtransport zur Oberfläche mit dieselgetriebenen Muldenkippern bei Tiefen von mehr als 300 m wegen der hohen Mehrkosten für eine ausreichende Ventilation schnell unwirtschaftlich. Auch beim Vordringen auf neuen Gewin-

Die Trolley-Version des GHH-"Schiebekastenlasters" Typ SK-A 20 basierte auf der Trolleybus-Technik der siebziger Jahre mit Gleichstromantrieb und Schützensteuerung zur Drehzahlregulierung. Der elektrische Trolley-Dumper, hier mit hydraulisch nach hinten geschobenem Muldenkasten, hatte 185 PS (136 kW) Antriebsleistung.

nungssohlen unterhalb gegenwärtiger Haupttransportanlagen muß entweder mit beträchtlichen Kosten zumindest ein Ausbau der Anlagen, wenn nicht gar ein neuer Schachtbau durchgeführt werden. In solchen Fällen kann die Installation eines Trolley-Systemes in Verbindung mit elektrischen Untertage-Muldenkippern viel kostengünstiger sein.

Untertage können große Muldenkipper mit Nutzlasten von 200 t und mehr wegen ihrer Dimensionen nicht verwendet werden, hier liegt die obere Nutzlastgrenze bei 50 t. Durch diese Einschränkung ist der Oberleitungsantrieb vom energietechnischen Standpunkt her für Untertagefahrzeuge nicht so interessant wie für die schweren Muldenkipper im Tagebau.

Hohe Anforderungen an die Fahrstrecken, Probleme, ein regeltechnisch befriedigendes Gesamtkonzept für die Bedürfnisse des Untertagebaus zu entwickeln, sowie die geforderte Betriebssicherheit der elektrischen Trolley-Einrichtungen führten dazu, daß bisher nur wenige Trolleyanlagen für Untertage gebaut wurden.

Die Entwicklung wurde Anfang der siebziger Jahre von der GHH (Gutehoffnungshütte) mit dem ersten Trolley-Dumper eingeleitet, ausgehend von der damaligen Trolleybus-Technik mit Gleichstromantrieb und Schützensteuerung zur Drehzahlregulierung. 1982 baute Jarvis Clark einen Untertage-Dumper, ebenfalls mit Gleichstromantrieb, jedoch bereits mit Drehzahlregulierung durch frequenzmodulierte Thyristorsteuerung. Neuere Trolley-Dumper werden dagegen mit Drehstrom statt Gleichstrom angetrieben. So kann auf komplizierte und teure elektrische Anlagen verzichtet werden, weil der Strom nicht mehr umgewandelt werden muß.

Die schwedische Kiruna Truck AB begann 1981 mit der Entwicklung eines Trolley-Dumpers in Gemeinschaft mit dem schwedischen Elektronik-Konzern Asea und der LKAB Kiruna-Eisenerzgrube. 1984 wurde ein Prototyp auf Basis des 50 t ladenden Kiruna-Truck K 501 fertiggestellt, im September 1985 konnte das Gesamtkonzept im ersten Testeinsatz präsentiert werden.

Der allradgetriebene Trolley-Dumper konnte 50 t laden, erreichte Geschwindigkeiten bis 47 km/h und besaß pro Achse einen Asea-Elektro

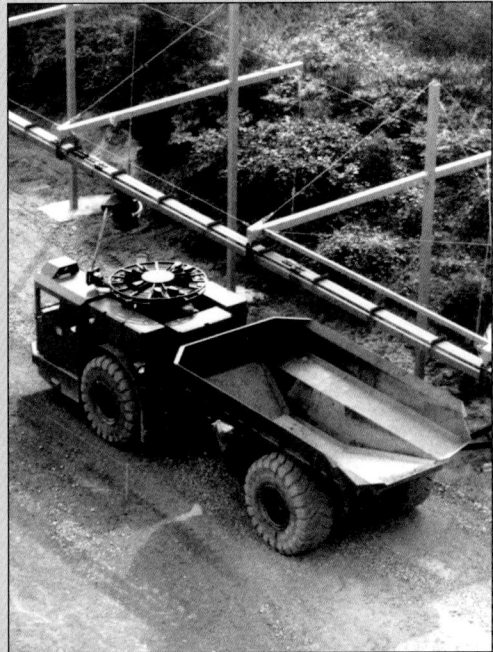

Trolley-Dumper MKU 10 E der Maschinenfabrik Paus für 25 t Nutzlast und 50 t Gesamtgewicht mit flexibler Stromzuführung über eine Schleifleitung und eine Rolle mit 30 m Kabelvorrat, hier 1985 beim übertägigen Versuchseinsatz.

motor mit jeweils 230 kW Leistung. Der Dumper entnahm der Trolley-Leitung Drehstrom mit einer Spannung von 1000 V, der für die Motoren von Thyristor-Gleichrichtern umgewandelt wurde.

Die Erprobung über etwa 4000 km fand auf der 420-m-Sohle der LKAB-Eisenerzgrube von Kiruna statt, auf einer 900 m langen Strecke mit Steigungen bis zu 11 Prozent. Es zeigte sich, daß auf diesen Steigungen beladen hohe Durchschnittsgeschwindigkeiten von 20 km/h erreichbar waren. Dieselgetriebene Untertage-Dumper kommen beladen an 11-Prozent-Steigungen nur auf 8 bis 10 km/h. Der starke Elektroantrieb verlieh dem Kiruna-Dumper zudem ein beachtliches Beschleunigungsvermögen mit Nutzlast von 0 auf 40 km/h in 8 s. Das stufenlose Beschleunigen ohne Fahrstufensprünge hält den Reifenverschleiß niedrig.

Ohne Oberleitungskontakt bezieht der noch heute in ähnlicher Weise gebaute Kiruna-Trolley-Dumper seine Antriebsenergie aus zwei Batterien. Dies ist notwendig für Rangierfahrten beim

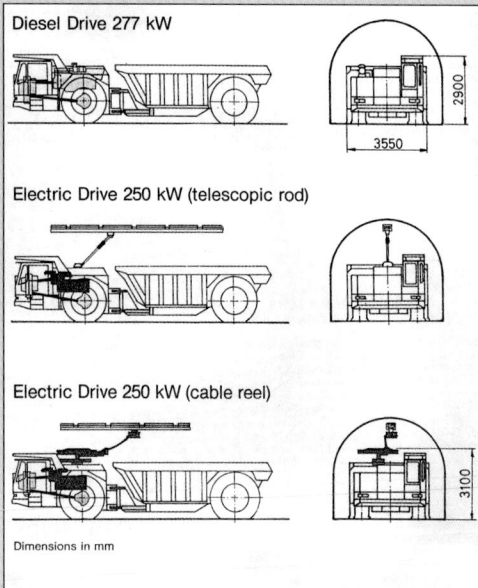

Diesel Drive 277 kW

2900

3550

Electric Drive 250 kW (telescopic rod)

Electric Drive 250 kW (cable reel)

3100

Dimensions in mm

Untertage-Dumper von GHH mit Dieselantrieb (oben), Trolley-Antrieb über Teleskoparm (Mitte) und über Kabeltrommel (unten). Die Trolley-Systeme sind so konzipiert, daß vorhandene Stollenquerschnitte beibehalten werden können.

Beladen und Abkippen. Die Reichweite bei ausschließlichem Batterieantrieb beträgt beladen auf waagerechter Strecke 2 km. Wieder an der Oberleitung werden die Batterien automatisch nachgeladen. Das Anlegen des Stromabnehmers geschieht in 3 bis 5 s im Stand oder während der Fahrt bei bis zu 15 km/h, das Abnehmen ist bei jeder Geschwindigkeit möglich.

Bei Begegnungen betätigt der Fahrer des abwärts fahrenden Dumpers den Schalter für das Absenken des Stromabnehmers, der Dumper verläßt sodann per Batterieantrieb die Trolley-Strecke und wartet in einer Ausweichstelle, bis der aufwärts fahrende Dumper passiert hat. Anschließend fährt der Dumper wieder unter die Trolley-Leitung und legt den Stromabnehmer während der Fahrt an. Dieses System erspart komplizierte und reparaturanfällige Weichen im Trolley-Streckennetz, die bei anderen Untertageanlagen unumgänglich sind. Der verschleißarme, rollengeführte Stromabnehmer ist bei dem Trolley-Dumper von Kiruna hydraulisch beweglich an die Kabine montiert.

Ein fortschrittlicher Trolley-Dumper mit elektrischem Allradantrieb wurde ab 1981 von Kiruna Truck aus Schweden gemeinsam mit Asea und der LKAB-Eisenerzgrube in Kiruna entwickelt. Der erste Prototyp war 1984 fertig und basierte auf dem 50 t ladenden Kiruna-Truck K 501.

Seitliche Bewegungen von 2 m zu jeder Seite neben der Trolley-Leitung und Schwenken um 60° zu beiden Seiten können aufgenommen werden. Die Trolley-Leitung besteht aus drei Kupferkontaktröhren, getragen von Stahlhalterungen, die als Erdung dienen.

Neben dem Einsatz in der LKAB Kiruna-Eisenerzgrube wurden 1988 zwei Anlagen an die kanadische Kupfergrube Kidd Creek mit 1,3 km Streckenlänge und an die Goldgrube Hope Brook mit untertage 2,15 km und übertage 0,7 km Streckenlänge geliefert. Bei Hope Brook wurden beladen Steigungen von 12 bis 15 Prozent befahren. 1989 kamen eine weitere Anlage bei den schwedischen Zinkgruvan mit 2,2 km Streckenlänge und eine 2-km-Strecke für einen 50-t-Dumper in der australischen Eisenerzgrube Mount Isa hinzu. Auch bei der GHH wurden ab 1982 ausführliche Tests mit 15-t-Trolley-Dumpern durchgeführt. Sie fuhren mit 110 kW leistenden Asynchron-Motoren in Kombination mit Drehmomentwandlern. GHH kombinierte die bewährte Technik der Dieseldumper mit Komponenten der Elektroantriebe der Fahrlader, so daß man vor nur geringen Entwicklungsproblemen stand und auf erprobte Konstruktionen zurückgreifen konnte. GHH bot Trolley-Dumper jeder Größe bis 50 t Nutzlast an.

Das Antriebssystem zeichnete sich durch die im Bergbau erwünschte einfache Konstruktion und Robustheit aus. Nur ein wartungsfreier 3-Phasen-Drehstrommotor trieb wie in den GHH Fahrladern dieses Herstellers über einen regelbaren Drehmomentwandler ein Lastschaltgetriebe an. Zwei verschiedene bewegliche Stromzuführungen für den ständigen Trolley-Kontakt waren möglich, entweder ein teleskopierbarer, 3 bis 6 m langer Stromabnehmerarm oder eine 30 m Aktionsradius erlaubende Kabelrolle mit Trolley-Anschluß.

Bis zu zehn Dumper konnten gleichzeitig an der vierpoligen Oberleitungsstromschiene fahren, ohne daß es zu regeltechnischen Problemen kam. Die Stromschiene selbst war bis auf den schmalen Spalt zur Stromabnahme, durch den nicht einmal ein Finger paßte, vollständig geschützt und gut isoliert, und das auch gegen Tropfwasser.

Ein Kiruna Electric K 1050 E veranschaulicht, wie eng die Stollen der Trolley-Strecken sein dürfen, damit der beladen 86 t wiegende, 11,2 m lange und 3,4 m breite Untertage-Dumper gerade mal hindurchpaßt: 4,6 m Stollenbreite und 4,2 m Firsthöhe reichen aus.

Kreuzungen und Weichen, die automatisch oder fahrerbetätigt arbeiteten, waren überall in die einfach zu installierenden Stromschienen einzufügen, um die Trolley-Strecke schnell allen Gegebenheiten anpassen zu können.

1988 erhielt die GHH Aufträge zur Installation der Trolleysysteme in der Grube Konrad bei Salzgitter. 25-t-Dumper wurden dort über ein 25 m langes Kabel flexibel mit einer 1,3 km langen Oberleitungsstrecke verbunden. Desweiteren wurde eine Grube in Südsardinien umgerüstet, und eine weitere Anlage wurde für eine australische Erzgrube geliefert.

Die Maschinenfabrik Paus entwickelte in Zusammenarbeit mit der Sachtleben Bergbau GmbH ebenfalls einen Trolley-Dumper, der 1985 in der Meggen-Grube von Sachtleben zum Testeinsatz an einer 400 m langen Trolley-Strecke gelangte. Der Dumper MKU 10 E mit 25 t Nutzlast und 50 t Gesamtgewicht wurde von einem 200 kW leistenden Elektromotor über ein hydrostatisches Axialkolbengetriebe auf allen vier Rädern angetrieben. Der MKU 10 E fuhr bis 30 km/h schnell und bewältigte Steigungen bis zu 20 Prozent. Die Verbindung vom Dumper zur Oberleitung wurde von einem 30 m langen Kabel hergestellt, das auf einer horizontalen Trommel aufgewickelt war.

An der Stromschiene bewegte sich ständig ein kleiner Stromabnehmerwagen, von dem das Kabel zur hydraulisch angetriebenen Kabeltrommel führte. Durch die Kabeltrommel blieb der Dumper stets mit der Trolley-Stromschiene verbunden, wenn er zum Be- und Entladen den Bereich unterhalb der Stromschiene zu verlassen hatte. Für Fahrten außerhalb des 30 m großen Trolley- und Kabelradius kann am Dumper ein dieselgetriebener Generator, der den Dumper-Elektromotor mit Strom speist, befestigt werden.

Die Ingenieure der Bergbaugesellschaft Inco entwickelten 1987 für die Copper Cliff-Grube sogar einen fahrerlosen, trolleygetriebenen Untertagedumper für 64 t Nutzlast auf 16 Rädern. Den Antrieb übernahmen Wechselstrom-E-Motoren und 16 Hydrostatikmotoren. Die Steuerung am Ladegerät und beim Kippen wird vom Laderfahrer und Brecherpersonal vorgenommen. Der ungewöhnliche Dumper, der beladen 20-Prozent-Steigungen befuhr, entleerte seine Ladung durch zwei seitliche, 1,2 x 3 m große Schüttöffnungen.

50 t ladende, Allrad-Kiruna-Untertagedumper K 1050 E bei der Rückfahrt am übertägigen Abschnitt der in die Goldgrube Hope Brook führende Trolley-Strecke.

Dennoch scheut die Mehrzahl der Grubenbetreiber das Innovationsrisiko. Außerdem sind zum Betrieb einer Trolley-Anlage aufwendige Sicherheitsvorkehrungen zu treffen, die in vielen ausländischen Gruben nicht ohne weiteres realisierbar sind. Der Betrieb einer Vielzahl von elektrischen Einrichtungen ist kostspielig, und die Benutzung der Trolley-Strecken muß gut organisiert sein, um Betriebsstörungen zu vermeiden.

Beim Abkippen seiner 50 t Nutzlast, hier ausnahmsweise untertage beim Rückfüllen alter Stollen, bewegt sich der Kiruna K 1050 E unabhängig von der Trolley-Stromzuführung mittels zwei Batteriepaketen, die 2 km Reichweite bieten und beim Kontakt mit der Oberleitung sofort wieder aufgeladen werden.

Haben Trolley-Muldenkipper Zukunft?

Von der Rückgewinnung elektrischer Energie bei Bergabfahrt im Trolley-Bremsbetrieb, also der Einspeisung des vom Muldenkipper beim Bremsen durch die als Bremsgeneratoren arbeitenden Radnabenmotoren erzeugten Stromes zurück in die Oberleitung, wurde bisher kein Gebrauch gemacht. Eine solche Energierückgewinnung würde nämlich die Investition einer zweiten, abwärtsführenden Trolleystrecke erfordern.

Höchstens bei untertägigen Trolleysystemen, wo die Muldenkipper bei Abwärtsfahrten den zugleich als Auffahrrampe dienenden Stollen befahren, wurde die Stromrückgewinnung erfolgreich praktiziert. Zudem sind derzeit noch keine Batterien verfügbar, die die Muldenkipper an den Be- und Entladestellen vorübergehend mit Strom für die Radnabenmotoren versorgen könnten. Das Gewicht der Batterien müßte im günstigen Verhältnis zu dem des Dieselmotors stehen, um das MFZ-Leergewicht zu verringern – gegenwärtig ist dies noch ein Traum aus ferner Zukunft.

Zwar sind elektrische Antriebe leicht zu regeln und zu beherrschen, doch in der Energie- und Umweltbilanz bedenklich. Abgesehen von den geringen Anteilen der Wind-, Wasser- und Sonnenenergie wird elektrischer Strom überwiegend durch die Verbrennung fossiler Brennstoffe erzeugt und über weite Distanzen mit entsprechenden Verlusten transportiert. Die Verbrennung direkt "vor Ort" im Dieselmotor ist, energiewirtschaftlich gesehen, wesentlich sinnvoller. Der Dieselmotor steht daher bezüglich Energieverbrauch, Wirkungsgrad und Emissionen bestens da, werden die Wirkungsgrade betrachtet: Ein Ottomotor kommt auf einen Wirkungsgrad von nur etwa 32 Prozent, ein Öl-, Kohle- oder Kernkraftwerk auf rund 35 Prozent, aber ein einfacher Dieselmotor dagegen schon auf 39 Prozent. Verfügt der Diesel über einen Turbolader, werden es 41 Prozent, kommt Ladeluftkühlung hinzu, steigert sich der Wirkungsgrad auf 44 Prozent.

Daher werden schwere Muldenkipper auch zukünftig von starken Dieselmotoren angetrieben werden, aber wohl kaum ausschließlich über Trolley-Stromzuführungen. Die "Stromspritzen" per Trolley-System sind nach wie vor interessant, um die beladen an Steigungen hochkriechenden Giganten etwas anzuschubsen, um also zeitweise zusätzliche Energie in die Muldenkipperantriebe hineinzupumpen.

Wegen der Höhe und Breite der Muldenkipper haben die Oberleitungen wesentlich höhere Masten mit weiteren Ausladungen als bei Eisenbahnen. Die Installation wie auch die Instandhaltung derartiger über mehrere Kilometer führenden Anlagen verlangt einen nicht zu unterschätzenden Aufwand, zumal in jeder Mine im Tag- und Nachtbetrieb rund um die Uhr, oft auch an Sonntagen, gefahren wird.

Der Trolley-Betrieb bei Barrick Goldstrike hat das Tempo auf der 36 m breiten Auffahrrampe von 13 auf 23,6 km/h gesteigert. Durch die dadurch erzielte höhere Transportleistung eines jeden der insgesamt 73 "Haulpak" 685E mit 172 t Nutzlast konnten 10 bis 12 weitere Muldenkipper, die ursprünglich vorgesehen waren, eingespart werden.

Die weit ausladenden und sehr hohen Trolley-Leitungen wurden bei Barrick Goldstrike mit Hilfe eines Bühnenwagens installiert, den ein Lkw zog. Die rollende Bühne wird auch für Wartungszwecke verwendet.

Doch all dies ist nur bei diesel-elektrisch angetriebenen Muldenkippern möglich. Demgegenüber werden sich die Ingenieure von Caterpillar bei der Fntwicklung der schweren Muldenkipper-Baureihe in den achtziger Jahren sicher etwas gedacht haben: Die Cat-Muldenkipper werden nicht diesel-elektrisch, sondern über Drehmomentwandler und Lastschaltgetriebe hydromechanisch angetrieben - bis hin zum Typ 797 mit 560 t Gesamtgewicht, die von 3451 PS Antriebsleistung auf mehr als 60 km/h Tempo gebracht werden.

Solche Muldenkipper sind nicht mehr über Trolley-Leitungen zu betreiben, da ihr Antrieb stromlos erfolgt. Die Marktanteile der hydromechanisch angetriebenen Cat-Muldenkipper zeigen deutlich, daß dieses Konzept bei Tagebaubetrieben weltweit Anerkennung erntet. Wie sich demgegenüber die Trolley-Technik schwerer Muldenkipper im noch jungen 21. Jahrhundert entwickeln wird, ist gegenwärtig nicht abzusehen.

Die bei Grootegeluk eingesetzten LeTourneau Titan T 2200 waren mit 181 t Nutzlast (200 short tons) deutlich größer als alle bislang auf Trolley-Betrieb umgestellten Muldenkipper. Sicherlich hätte sich R. G. LeTourneau 1958 angesichts seines ersten Trolley-Muldenkippers gefreut, daß noch fast ein halbes Jahrhundert später solche Riesen seinen Namen tragen.

Der Trolley-Einsatz bei Barrick Goldstrike ermutigte Dresser 1995, für "Haulpak"-Muldenkipper mit Trolley-Antrieb zu werben. Geschwindigkeitszunahmen an Steigungen von bis zu 67 Prozent, Verringerung des Kraftstoffverbrauches um 60 Prozent und Produktionssteigerungen von 21 Prozent wurden genannt.

In dieser Computersimulation zeigt Liebherr, wie eine Trolley-Version des 326 t (360 short tons) ladenden T 282 heranrollen würde. Der diesel-elektrische T 282 wird in der Normalversion ohne Trolley-Ausrüstung von einem 2500 bis 2750 PS starken DDC/MTU–Motor und einer neuartigen Wechselstromtechnik von Siemens angetrieben.

Groß, größer am größten

Faszination Erdbewegungsmaschinen

von Klaus Mayr

Mein Interesse an Erdbewegungsmaschinen geht auf meine Kindheit und den Umstand zurück, daß mein elterlicher Betrieb in der Baubranche und im Bau-Nebengewerbe tätig ist. Als gelernter Tiefbauingenieur bin ich in unserem Betrieb für Baumaschinen und andere technische Arbeiten zuständig. Außerdem arbeite ich als konzessionierter Baumeister und gerichtlich beeideter Sachverständiger für Baumaschinen und Maschinen des Baunebengewerbes.

Bereits im Kindergartenalter war mein Interesse an diesen Maschinen geweckt. Ich erinnere mich noch gerne daran, wie mich mein Vater damals in ein Kieswerk mitgenommen hat, um dort einen Terex 72-71 Radlader zu besichtigen. Von da an haben mich die Erdbewegungsmaschinen mehr und mehr fasziniert. Obwohl er wegen seiner knappen Freizeit nicht immer darüber erfreut war, machte mein Vater auf mein Drängen hin mit mir verschiedene Baumaschinen-Besichtigungsfahrten. So fuhren wir 1980 zur BAUMA, um einen RH 300 und eine Cat D 10 sehen zu können. Im Alter von 16 Jahren war ich dann teilweise alleine per Eisenbahn unterwegs. So bin ich einmal in die Steiermark gefahren, um dort in einem Betrieb eine Cat 777 und eine Cat 992 C anzusehen.

Nachdem ich dann „endlich" den Autoführerschein hatte, bin ich selbst in Europa herumgereist, um die größten Erdbewegungsmaschinen zu sehen und verschiedene Baumaschinenhersteller und deren Produktionsanlagen zu besuchen. Später machte mich auf den Weg in andere Kontinente, um meinen Wissensdurst zu stillen.

Bei meinen Reisen waren mir die Kontakte zu allen namhaften Baumaschinenherstellern sehr von Nutzen – im eigenen Betrieb sind ja auch solche Maschinen, nur in kleinerer Ausführung, eingesetzt.

Cat 994 bei CBR in Tourneau/Belgien

Nach dem Studium der Fachzeitschrift „Steinbruch und Sandgrube" 2/94 habe ich beschlossen, den Radlader 994 von Caterpillar zu besichtigen. Ich tele-

Cat 994 beim Laden des gesprengten Materials

fonierte mit meinem Bekannten Bernd Stern, der gute Kontakte zu CBR hat, und ersuchte ihn, ob er einen Besichtigungstermin des ersten Cat 994 Laders in Europa organisieren könne.

Am 10. August 1995 trafen Bernd Stern von der Firma TBG, Hubert Kerschbaumsteiner von der Firma Caterpillar und ich nach einer Autofahrt von etwa sieben Stunden in Brüssel ein.

Dort erwartete uns Herr Antoine-Schillebeeckx von CBR und am nächsten Tag fuhren wir gemeinsam nach Tourneau. Als erstes wurde das Zementwerk von CBR besichtigt, danach fuhren wir in das Büro des Eigentümers des Steinbruchs, Olivier Bertrand. Dieser zeigte und erklärte seinen Steinbruch und den neuen Radlader, der einen Cat 992 C (10,5 m^3) und einen Le-Tourneau L 1000 (12,0 m^3) ersetzt. Der Le-Tourneau ist ein Diesel-Elektischer Radlader.

Die jährliche Produktion des Bruches liegt bei etwa 3,8 Mio to, wobei etwa 1 Mio to in das Zementwerk geliefert werden. Die Abbauhöhe betrug zur Zeit der Besichtigung 140 Meter und wird im Laufe der Jahre auf 180 Meter erhöht. Durch die gewaltige Tiefe von 140 Meter befindet sich die Sohle des Bruches bereits unter dem Meeresniveau. Aus dem Steinbruch müssen jährlich etwa 8 Mio m^3 Wasser in den nahegelegenen Fluß Escaut gepumpt werden. Das abbaubare Gelände beträgt etwa 200 Hektar und ist bereits in Besitz der Firma. Für den Abbau des Gesteins kaufte die Firma einen Cat 994 Radlader mit 16 m^3 Schaufelinhalt und einige Dresser-Haulpack-445 E-Muldenkipper. Diese kippen das Material in einen Allis-Chalmers-Brecher. Dieser Brecher braucht etwa 1,5 Minuten, um einen Muldenkipperinhalt zu verarbeiten. Das Gewicht des Kegels beträgt etwa 70 to. Von diesem Vorbrecher wird das Material in den Hauptbrecher transportiert und dann zur Aufbereitung.

Radlader Cat 992 C
■690 PS ■89.158 kg ■1.136 l Tankinhalt ■13.145 mm Länge
■5.487 mm Höhe Fahrerdach ■4.750 mm Breite ■10,7 m^3 Schaufelinhalt

Radlader L 1000
■925 PS ■105.235 kg ■1.731 l Tankinhalt ■14.580 mm Länge
■5.230 mm Höhe Fahrerdach ■4.800 mm Breite ■13 m^3 Schaufelinhalt

Radlader Cat 994
■1.336 PS ■177.000 kg ■2.960 l Tankinhalt ■16.647 mm Länge
■6.530 mm Höhe Fahrerdach ■5.650 mm Breite ■16 m^3 Schaufelinhalt

Dresser Haulpack 445
Hier handelt es sich um einen Diesel-Elektischen Muldenkipper. Antrieb erfolgt über Elektromotoren, die an den Radnaben angebracht sind.
■1.200 PS ■89.631 kg ■Nutzlast 125.000 kg ■2.650 l Tankinhalt
■11.380 mm Länge ■5.800 mm Höhe ■6.200 mm Breite

Cat 994 beim Beladen des Dresser 445 E

Dresser 445 E Kipper mit Bernd Stern

Le-Tourneau L 1000

MINEXPO 1996 und
Syncrude-Mine in Fort McMurray

1996 hatte ich von der MINEXPO gelesen. Nach langen Überlegungen bin ich im Juli zu dem Entschluß gekommen, nach Amerika zu fahren. Es war mir jedoch zu wenig, nur die MINEXPO zu besuchen. Also nahm ich mit einem Bekannten Kontakt auf, um in Fort McMurray eine Mine zu besuchen. Nach der Terminfixierung für die Minenbesichtigung fragte ich meinen Schwager, ob er mitfährt – bis auf die Besichtigung der MINEXPO und der Mine organisierte er die ganze Reise.

Wir flogen von Salzburg über Amsterdam und Detroit nach Las Vegas. Am nächsten Tag besuchten wir die MINEXPO '96 und sahen dort sehr viele große Maschinen wie Cat 992 G, D11RCD, 24 H, 793 C, 5230, Komatsu D 575 A-2, WA 900, 930 E, Demag H 455 S, Le-Tourneu L 1800, Unit-Rig MT 3300, Liebherr R 994, KL 2420, O & K RH 200, Euchid R 260, R 130, Hitachi EX 2500, EX 3500. Am Abend streiften wir durch die Hotels und Spielcasinos und besuchten die Show von „Siegfried und Roy". Am nächsten Morgen flogen wir mit dem Helikopter in den Grand Canyon.

Der nächste Tag war sehr anstrengend, denn wir flogen von Las-Vegas nach Salt-Lake-City und von dort nach Edmonton. Mit einem Mietwagen ging es 500 km weiter nach Fort McMurray. Diese Fahrtroute führte etwa 250 km nur durch Wald – ohne Ortschaft oder Tankstelle. Am Tag darauf wurden wir von einem Mitarbeiter der Mine abgeholt, der uns die Mine zeigte und erklärte. Dort wird Ölschiefer abgebaut, wobei 8 to Ölschiefer ein Barrel Rohöl ergeben. In der Mine war eine Aufbereitungsanlage für die Trennung von Sand und Öl. Nach der Trennung wurde das Öl in der Pipeline 500 km nach Edmonton in die Raffinerie gepumpt. Im Winter werden die Baumaschinen bei bis zu minus 55 Grad Celsius nicht mehr abgestellt, weil sie sich sonst nicht mehr starten lassen. Bei Regen, Nebel und Schneefall wird die Arbeit in der Mine eingestellt, da die Fahrt mit den großen Maschinen zu gefährlich ist (Rutschgefahr). Das Öl fließt stellenweise sogar von selbst aus dem Erdreich heraus.

In der Mine wird mit einigen Hydraulikbaggern und Seilbaggern abgebaut, wobei auch einige Schaufelradbagger zum Einsatz kommen. Bei den Baggern handelt es sich um RH 200, 1 x H 485 S (Prototyp aus

Bei den Euclid sind die Treppen einzigartig durch den geschwungenen Aufgang. Auf der Minexpo 2000 wurde ein solcher Kipper mit Trolly System gezeigt

Cat 992 G wurde als Neuheit
präsentiert

Komatsu 930 E war 1996 der
erste Ultra-Hauler

Der L 1800 ist der größte Radlader, den es zur Zeit im Einsatz
zu sehen gibt. Er wurde allerdings bei der Minexpo 2000
vom L 2350 als größter Radlader abgelöst. Ein L 1800
arbeitet in einem Kupfertagebau in Spanien

RH 200 beim Beladen eines Cat 793 B Kippers mit Ölsand

Ein Cat 793 mit einer 218-Tonnen-Ladung Ölsand

Schottland) und 1 x H 485 E (erste elektrische Bagger), 1 x H 685 SP, 3 x BE 395, 3 x BE 2570 W, M 351, einige Cat 793 B, Komatsu 830 E und Le-Tourneau Kipper und Radlader. Im Oktober 1997 wurden einige Komatsu 930 E und der erste RH 400 in Betrieb genommen, der damals der größte Hydraulikbagger war. Heute sind 4 x RH 400 und einige Cat 797 Prototypen sowie einige P&H 4100 TS eingesetzt

Die RH 400 werden erst in der Mine zusammengebaut und dort auch repariert. Die Kipper werden in einer großen Werkstatt zusammengebaut und wenn möglich repariert, wobei die Reparaturwerkstatt etwa 10 km von der Mine entfernt ist. Diese Fahrtstrecke legen die großen Kipper auf der Autobahn selbst zurück.

Nach der Minenbesichtigung fuhren wir zurück nach Edmonton und von dort nach Jasper, Bonff und Calgary. Von dort flogen wir wieder über Amsterdam nach Salzburg.

Komatsu 930 E
■2.500 PS ■15.340 mm Länge ■7.490 mm Breite
■7.260 mm Höhe ■186.560 kg Eigengewicht ■281.000 kg Nutzlast
■469.012 kg Gesamtgewicht ■4.542 l Tankinhalt

Cat 793 C
■2.160 PS ■12.866 mm Länge ■6.840 mm Breite
■5.499 mm Höhe ■143.906 kg Eigengewicht ■218.000 kg Nutzlast
■376.488 kg Gesamtgewicht ■3.785 l Tankinhalt

BE 2570 W Schreitbagger bei der Reparatur. Hier kamen die Monteure mit dem Helikopter. Die Auslegerlänge beträgt 100-109 Meter und der Inhalt der Schleppschaufel 70-90 m³. Einsatzgewicht ca. 4.500 bis 5.500 to

Ein BE 395 Seilbagger beim Beladen eines Cat 793B

Zur Zeit der Besichtigung war dieser Demag H 685 SP der größte Hydraulikbagger und es gab ihn auch nur einmal mit dieser Bezeichnung. Es wurde ein planmäßiger Wechsel der Schaufelbolzen durchgeführt

Ein L 1100 von Le Tourneau

MT 3300
- 1.350 PS - 11.700 mm Länge - 6.200 mm Breite
- 6.100 mm Höhe - 100.000 kg Nutzlast - 4.542 l Tankinhalt

Euclid R 260
- 2.390 PS - 13.510 mm Länge - 7.820 mm Breite
- 6.860 mm Höhe - 148.644 kg Eigengewicht - 238.000 kg Nutzlast
- 385.923 kg Gesamtgewicht - 3.785 l Tankinhalt

Demag H 685 SP
- 685.000 kg - 35 m³ Schaufelinhalt - 3.750 PS - 13.000 l Tankinhalt

O&K RH 200
- 480.000 kg - 25 m³ Schaufelinhalt - 2.400 PS - 7.100 l Tankinhalt

Cat 5230
- 314.900 kg - 15 m³ Schaufelinhalt - 1.175 PS - 5.330 l Tankinhalt

D 757 A-2SD
- 147.900 kg - 69 m³ Schild - 1.150 PS - 2.800 l Tankinhalt

WA 900
- 94.720 kg - 13 m³ Schaufelinhalt - 824 PS - 1.430 l Tankinhalt

Cat 992 G
- 90728 kg - 13 m³ Schaufelinhalt - 800 PS

L 1800
- 217.724 - 25,23 m³ Schaufelinhalt - 2.000 PS - 3.975 l Tankinhalt

L 1100
- 125.191 kg - 16,82 m³ Schaufelinhalt - 1.200 PS - 1.741 l Tankinhalt

Bucyrus Erie 395 B
- 1.037.800 kg Einsatzgewicht - 33 m³ Schaufelinhalt - 7.200 V/60 Hz
Spannungssystem normal

Uranbergbau Wismut/Gera

Im Mai 1996 fuhren Hubert Kerschbaumsteiner von der Firma Caterpillar, Herbert Zech, ein österreichischer Kiesunternehmer, der Montanistik studierte und einige Zeit in Australien gearbeitet hat, und ich

nach Ronneburg zur Firma Wismut, nähe Gera. Die Firma Zeppelin organisierte dort immer am letzten Donnerstag im Monat eine Führung für geladene Gäste durch.

Von 1946 bis 1990 wurde in Sachsen und Thüringen intensiv Uranbergbau betrieben. Zuerst erfolgte der Abbau unter sowjetrussischer Führung und 1954 wurde unter deutsch-sowjetrussischer Führung die Wismut gegründet. Die Halden vom Urantagebau sind kaum zu übersehen. 1991 wurde der Anteil der Sowjetunion von der Bundesrepublik Deutschland übernommen und das Sanierungsunternehmen Wismut GmbH gegründet.

Die Uranproduktion betrug bis 1990 in den USA ca. 334.000 to, in Kanada ca. 240.000 to und bei Wismut ca. 220.000 to. Wismut war somit der drittgrößte Uranproduzent der Welt. Der Tagebau dort hatte 1990 eine Fläche von rund 160 ha und ein Volumen von 84 Mio. m³ Aushub. Der Abbau erfolgte über 10 m hohe Etagen. Das gesprengte Gestein wurde mit russischen EKG 5A Seilbaggern auf 12 to-LKW verladen und abtransportiert. Es gab zu Zeiten der ehemaligen DDR auch eine eigene LKW- und Maschinenproduktion in der Umgebung, denn der Urantagebau unterlag der größten Geheimhaltung.

Zur Verfüllung der 84 Mio m³ hat Wismut bis zum Jahr 2006 Zeit, wobei der Haldenabtrag bis 2003 fertig sein muß. Aus diesem Grund hatte Wismut eine Ausschreibung durchgeführt, bei der die Maschinen-

Cat 785 B

hersteller ihre Leistungen unter Beweis stellen konnten. Den Zuschlag für die Lieferung erhielt Caterpillar. Es wurden 5 x D11N, 2 x 994, 2 x 992HL, 11 x 785B, 11 x 773B, 2 x 834B, 825C, 826C, 3 x H16, 1 x H14, 3 x 773B Wassertank, 1 x 631 Wassertank, D 10N, D 8N angeschafft, die Grader 16H wurden durch einen 24H erweitert. Wegen der radioaktiven Belastung müssen sich die Fahrer öfter untersuchen lassen. Um die radioaktive Staubbelastung zu minimieren, besprühen Wassertankfahrzeuge die Straßen im Abbaugelände.

Das Projekt soll bis 2003 dauern, die Jahresleistung beträgt ca. 10 Mio fcm, die Tagesleistung ca. 40.000 fcm und die Stundenleistung ca. 2.800 fcm. Es wird 5 Tage in der Woche gearbeitet, wobei zwei Schichten am Tag durchgeführt werden: Frühschicht 6.00 bis 14.00 Uhr, Spätschicht 15.00 bis 23.00 Uhr. In den Pausen werden die Geräte gewartet. Die großen Reparaturen werden in der Zeit von 23.00-6.00 Uhr durchgeführt. Die Gesamtleistung auf der Baustelle beträgt ca. 35.300 PS und der Dieselverbrauch 36.000 l/Tag. Es gibt Computeraufzeichnungen über die Belastung der einzelnen Achsen, Rahmen und Federn und über die Nutzlast der 785B-Kipper.

Cat 785 B
▪1.705 PS ▪3.222 l Tankinhalt ▪12.180 mm Länge ▪11.910 mm Höhe mit aufgestelltem Kipper ▪8.150 mm Breite ▪177 t Nutzlast

Liebherr Werk Colmar/Frankreich

Am 26. Juni 1997 hatte ich die Gelegenheit, mit Martin Zöchbauer von der Firma Liebherr das Liebherr-Baggerwerk in Colmar in Frankreich zu besichtigen. Dort wurden wir bereits von einem Mitarbeiter der Firma erwartet, der uns einleitend einiges aus der Geschichte der Firma Liebherr erzählte: Liebherr begann 1949 als Bauunternehmer in Kirchdorf am Iller und entwickelte in dieser Zeit den ersten Liebherr-Hochbaukran. Von diesem Zeitpunkt an begann von diesem Ort aus die Entwicklung der Firma Liebherr. 1961 erwarb Liebherr in Colmar ein Areal von 30 ha und begann mit der Errichtung eines eigenen Baggerwerkes. Das dortige Werk, die Liebherr-France S.A., ist heute ein Unternehmen der internationalen Firmengruppe Liebherr.

In diesem Werk werden auf der einen Seite die Stahlteile angeliefert, die auf der anderen Seite in veredelter Form als Bagger das Werk wieder verlassen. Nach der Anlieferung der Stahlteile erfolgt deren Zuschnitt, wobei Stahlplatten mit einer Stärke von 17 mm durchgetrennt werden können. Die Fertigung erfolgt auf zwei Produktionsstraßen, wobei nach Möglichkeit immer zwei Maschinen erzeugt werden. Auf der rechten Produktionsstraße werden die Bag-

Cat 994

R 996

ger R 912 bis R 942 und auf der linken die Bagger des Typs R 954 bis R 984 erzeugt. In einer eigenen Halle werden die Spezialausrüstungen für die verschiedenen Bagger hergestellt.

1995 wurde eine weitere Halle errichtet, in der heute die Bagger der Typen R 992, R 994 und R 996 gebaut werden. Dort werden ebenfalls auf zwei Förderstraßen Bagger gefertigt. Auf der linken die Typen R 992 und R 994, auf der rechten der R 996. In dieser Halle sind zwei Hallenkräne montiert, von denen jeder über eine Tragkraft von 80 to verfügt.

Im Werk Colmar werden die Bagger der Typen R 912 (20 to) bis R 996 (576 to) gebaut. Im dortigen Werk sind etwa 1.000 Personen beschäftigt, die 1997 rund 1.500 Bagger gefertigt haben.

Bei unserer Werksbesichtigung sahen wir den Bagger R 996 mit der Nummer 11 vor der Halle in Betrieb, in der Halle wurden gerade die Bagger mit der Nummer 12 zusammengebaut. Mit der Fertigung der Bagger wird erst begonnen, wenn jeweils zwei Stück im Auftragsstand sind. Bei zwei Baggern

beträgt die Fertigungszeit 13 Wochen, bei einem ca. 8 Wochen. Außer dem Motor und dem Drehkranz werden alle wichtigen Teile bei Liebherr angefertigt. Nach dem Zusammenbau werden die Geräte im Freigelände einem Funktionstest unterzogen. Erst danach kommen sie zum Lackieren wieder in die Halle.

Mein Hauptinteresse galt dem R 996. Bei diesem Bagger handelt es sich um einen der leistungsfähig-

Ein Motormodul des R 996

R 996 in neuer Farbgebung für Liebherr Mining auf der Bauma 1998 während des Aufbaues. Bei dieser Maschine haben sich einige technische Daten gegenüber den ersten Maschinen geändert

sten Maschinen seiner Klasse. Der erste Bagger dieses Typs wurde an die Firma Thiess Contractors in die Burton-Coal-Mine ausgeliefert. Dort wurden an der Maschine Messungen durchgeführt, die eine Leistung von 5.040 t/h ergaben. In dieser Mine arbeitet der Bagger mit Cat 789 B Muldenkippern zusammen. Der erste R 996 war ursprünglich mit einem Hochlöffel (28 m³) ausgerüstet, wurde aber später auf Tieflöffelausrüstung (33 m³) umgebaut.

Die Firma Thiess betreibt einge Geräte des R 996 in der Ernest-Henry-Mine, in der Mt. Owen-Mine und in der Burton-Hill-Coal-Mine. Ein R 996 wurde auch von der Firma Henry Walker geordert und wartet noch auf seine Auslieferung. Kaltin Prima Coal in Indonesien hat ebenfalls einige R 996 mit Hochlöffel im Einsatz und berichtet auch über gute Stunden-leistungen. Dem Magazin „Australian Mining" war zu entnehmen, daß die dortige Firma Eltin 18 Exemplare des R 994 in Betrieb hat.

1995 wurde ein Liebherr P 996 auf ein Ponton aufgebaut, und ist somit der derzeit größte Pontonbagger der Welt. Dieser baggert für die Firma Durat in San Francisco die Schiffahrtsrinne aus.

Liebherr R 996
■3.000 PS ■13.000 l Tankinhalt ■572.600-575.500 kg Einsatzgewicht
■25-33 m³ Hochlöffel ■25-34 m³ Tieflöffel

Premiere O&K RH 400

Am 19. Juli 1997 war ich zur Premiere des RH 400 in Dortmund. Als ich dort ankam, wurde der Bagger bereits den ersten Gästen vorgeführt. Neben diesem riesigen Ungetüm stand der kleinste Bagger von O&K, ein RH 1.1. Natürlich waren auch einige andere Bagger, Radlader, Grader und Muldenkipper aus der Produktpalette von O & K zu sehen.

Der Raupenhydraulikbagger RH 400 ist ausgelegt, um die Muldenkipper von 240 to bis 320 to in drei Spielen zu beladen. Der erste RH 400 wurde nach Fort Mc Murray zur Firma Syncrude geliefert, wo er im Oktober 1997 in Betrieb ging. Syncrude bekam 1998 noch zwei weitere Geräte dieses Typs, wobei in dieser Mine ein Bedarf von weiteren 10 Geräten des Typs RH 400 bestand. Syncrude will nämlich die derzeit in Betrieb stehenden Schaufelradbagger abstellen und auf den Einsatz der Gerätekombination Bagger und Muldenkipper übergehen.

Bei der vorgestellten Maschine wurde auf den Komfort in der Fahrerkabine sehr viel Wert gelegt, da der Bagger weit entfernt von den Betriebsräumen der Mine eingesetzt wird und der Fahrer 12 Stunden am Gerät arbeitet. Hinter dem Führerhaus befindet sich eine Ruhekabine, in der ein Kühlschrank, eine

Der in Dortmund gezeigte Bagger wurde noch in roter, aber auch schon in der neuen Farbe hergestellt

RH 400

Kaffeemaschine, ein Mikrowellenherd und ein Wasserspender installiert sind. Für erträgliche Temperaturen im Führerhaus und in der Ruhekabine sorgt eine Klimaanlage.

O&K RH 400
■3.400 PS ■16.000 l Tankinhalt ■800.000 kg Einsatzgewicht
■42 m³ (80 sht) Schaufelinhalt ■8.200m Augenhöhe des Fahrers

Morathon Le Tourneau L 1400

Bei der Premiere des RH 400 in Dortmund erzählte mir mein Freund Pascal Jeanty, daß in einem Steinbruch in Belgien ein L 1400 von Morathon Le Tourneau in Betrieb ist. Während des Heimwegs versuchte ich herauszufinden, ob wirklich ein solcher Radlader in Belgien eingesetzt ist. Ich kontaktierte den Verkaufsleiter von Le Tourneau, der mir den Eigentümer des Radladers, den Standort und die Kontaktperson vor Ort nannte.

Ich ersuchte Pierre Jaques, die Kontaktperson, um Besichtigung des L 1400. Obwohl viele Leute der Meinung waren, daß wir nie in den Steinbruch hineinkommen würden, weil die Steinbruchbetreiber aus Sicherheitsgründen Besucher ablehnten, sagte Herr Jaques mir und meinen Freunden trotzdem eine Steinbruchbesichtigung zu.

Am 1. September 1997 reisten wir also zur nach Belgien, wo wir nach einer Fahrtstrecke von 1025 km ankamen. Dort in dem Steinbruch arbeiten seit etwa 1980 drei L 1200 von Le Tourneau (152 to, 1200 PS und 16,8 m³ Felsschaufel). Von dieser Type wurden insgesamt nur 12 Stück gebaut, wobei die restlichen neun Maschinen in Kolumbien eingesetzt sind. Die älteste der drei im Steinbruch eingesetzten Maschinen hat bereits 30.000 Betriebsstunden hinter sich.

Vor einigen Jahren wurden fünf gebrauchte Unit-Rig (Electra-Haul) aus Schweden angekauft, die zu diesem Zeitpunkt bereits 25.000 Betriebsstunden auf

Cat 992 B

Le Tourneau L 1400

dem Zähler hatten. Zum Zeitpunkt unserer Besichtigung hatten die Kipper (170 to Nutzlast) bereits 50.000 Betriebsstunden hinter sich. 1996 wurden fünf neue Unit-Rig MT 3000 (Nutzlast 120 to) gekauft. Im Mai 1997 wurde dann der neue L 1400 Morathon Le Tourneau geliefert und an Ort und Stelle zusammengebaut.

Diese Maschine belädt die 170 to Muldenkipper in fünf Ladespielen, wobei die Nutzlast der Schaufel im Durchschnitt 38,4 to beträgt. Der Radlader hat ein Gewicht von ca. 200 to, einen Schaufelinhalt von 21,4 m³ und ist diesel-elektrisch angetrieben. Ein Hydraulikbagger mit 20 m³ Schaufelinhalt hätte dagegen ein Gewicht von etwa 400 to (PC 4000, RH 170 oder R 995).

Die Radlader und Muldenkipper werden in diesem Steinbruch von Detroit-Diesel-Motoren angetrieben. Der Dieselverbrauch des Radladers liegt bei ca. 134 l pro Stunde.

Bei den Le Tourneau Radladern sind in den Radnaben Elektromotoren installiert, die die Maschine antreiben. Durch einen Computer wird die Drehzahl geregelt, somit gibt es keinen Radschlupf. Beim Bremsen werden die Radnabenmotoren zu Genera-

toren, vernichten dadurch die Energie und bremsen den Lader verschleißfrei ab. Durch dieses Antriebskonzept läuft der Dieselmotor mit einer gleichbleibenden Drehzahl und muß nicht immer den Lastwechsel mitmachen. Durch diese Art des Antriebs liegt auch der Schwerpunkt der Maschine sehr niedrig, was bei solchen Maschinen als sehr wichtig zu erachten ist.

Bei meinen Firmenbesuchen und Reisen habe ich sehr oft gehört, daß die Morathon Le Tourneau Radlader sehr zuverlässige und gute Maschinen sind. Diese Aussage wurde nicht nur von Besitzern gemacht, sondern auch von Fachleuten.

Der von uns besuchte Steinbruch ist 250 m tief, die Sohle liegt 158 m unter dem Meeresspiegel. Aus diesem Grund müssen ca. 640 m³ Wasser in der Stunde herausgepumpt werden. Der Brecher im Bruch hat eine Stundenleistung von 1.400 to und wird von den Radladern L 1400 und einem L 1200 über die Muldenkipper beschickt.

Le Tourneau L 1400
- 1.800 PS ■ 17.830 mm Länge ■ 6.400 mm Breite ■ 3.975 l Tankinhalt
- 6.370 mm Höhe Fahrerhaus ■ 201.848 kg Eigengewicht
- 6.550 Auskipphöhe Schaufelunterkante ■ 21,43 m³ Schaufelinhalt

Ein Unit Rig mit 170 Tonnen Material

Dieser Unit-Rig MT 3300 Kipper wurde auf der Minexpo 96 ausgestellt und anschließend nach Belgien gebracht

ACCO Dozer

Eigenbaugrader und Eigenbauschubraupe "Umberto Acco"

Am 1.Oktober 1997 machten sich mein Mitarbeiter Herr Holzinger und ich auf den Weg nach Portogruaro in Italien, um die Maschinen des Umberto Acco zu besichtigen. Acco beschäftigt sich mit dem Erdbewegen, dem Straßenbau, mit der Landgewinnung und der Konstruktion von Spezial-Maschinen.

Umberto Acco's Eigenbau-Grader

Der Grader hat hinten eine Zwillingsbereifung, was meiner Ansicht nach einzigartig ist

An der Vorderachse war ebenfalls eine Zwillingsbereifung angebracht und ein eigener Motor mit Antrieb für die Achse

Unser Interesse galt natürlich den Maschinen, die er konstruiert und gebaut oder umgebaut hat, wobei unser Hauptinteresse einer Schubraupe und einem Grader galt. Herr Acco erzählte uns, daß er die Raupe für ein Projekt in Libyen gebaut hat, diese dort aber nicht zum Einsatz gekommen sei.

Die Raupe hat einen Deltaantrieb wie die Cat-Raupen. Sie wird von zwei Achtzylinder-Cat-Motoren mit einer Gesamtleistung von 1.300 PS angetrieben. Die Gesamtlänge beträgt 12 m, die Breite 6,30 m, die Höhe 6,50 m, das Gewicht 166 to. und das Planierschild misst 7 m x 2,70 m.

Der selbst konstruierte Eigenbau-Grader hat jeweils einen Front- und einen Heckmotor und ist sowohl vorne als auch hinten auf jeder Seite der

Achsen zweifach bereift und auch für den Laserbetrieb ausgerüstet. Er ist 20 m lang und 6,20 m breit. Das Schild misst 10,50 m plus 1,50 m mehr bei Bedarf. Seine Leistung von 1.700 PS bezieht der Acco-Grader aus zwei Cat-Motoren, das Gewicht beträgt 100.000 kg, der Antrieb erfolgt über 12 Räder. Bisher wurde der Grader erst fünf mal zur Arbeit eingesetzt: Bei der Stadt Bibione in Italien zum Planieren des Sandstrandes an der Adria.

In seiner Kiesgrube hat Umberto Acco auch eine besondere Maschine zur Kiesgewinnung im Einsatz. Diese hat als Zugfahrzeug eine Cat D8H, wobei aufgefallen ist, daß in diese Raupe nicht ein Cat-Motor, sondern ein Sechzylinder-Fiat-Motor eingebaut war.

Vorstellung L 544, 554 und 564 bei Liebherr in Bischofshofen

Am Freitag, 7. November 1997 wurden in der Kiesgrube Seer in Bischofshofen die Liebherr-Radlader L544, L554 und L564 vorgestellt. Bei der Vorführung gab es Vergleichsfahrten mit gleichwertigen Radladern anderer Fabrikate, um die Wirtschaftlichkeit der Liebherr-Radlader hervorzuheben. Für diese Vergleichsfahrten wurde der benötigte Kraftstoff nicht aus dem Tank entnommen, sondern aus Schaugläsern, die auf jedem Radlader montiert und mit jeweils 6 Litern Diesel gefüllt waren.

Mit den Radladern wurden dann Fahrten unter Last und Bewegung bergauf, bergab und auf der Ebene unternommen. Bei den Tests bewiesen sich die Liebherr-Geräte natürlich als die sparsamsten: Der Kraftstoffverbrauch war um rund 25 Prozent geringer als bei den Vergleichsgeräten anderer Hersteller.

Die Liebherr-Radlader sind serienmäßig mit hydrostatischem Fahrantrieb und Klimaanlage ausgestattet.

Liebherr L 544
■14.500 kg Gewicht ■2,8 m^3 Schaufelinhalt ■165 PS

Liebherr L 554
■17.200 kg Gewicht ■3,3 m^3 Schaufelinhalt ■200 PS

Liebherr L 564
■24.220 kg Gewicht ■4,0 m^3 Schaufelinhalt ■249 PS

Liebherr L 574
■24.220 kg Gewicht ■4,5 m^3 Schaufelinhalt ■265 PS

L 564 während der Präsentation

So sahen die Versuchsmaschinen aus, die zur Erprobung in verschiedenen Betrieben im Einsatz waren. Diese Maschine entspricht dem L 564

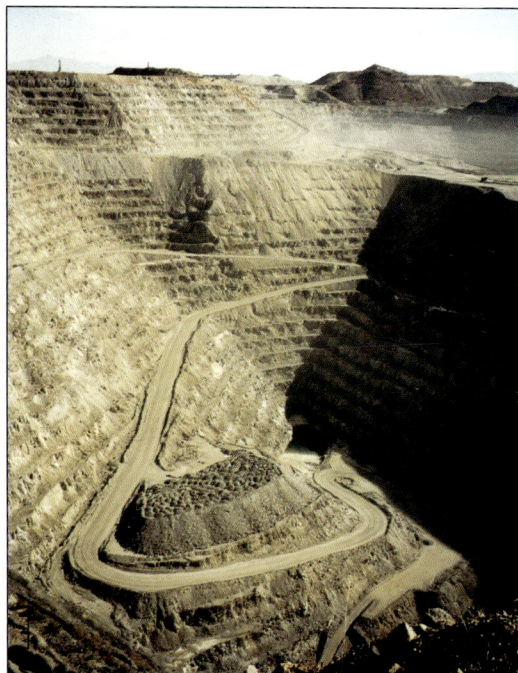

Eine kleine Übersicht über die Mine. Der Nebel im Hintergrund ist Staub durch den Abbau, obwohl immer Wasser gesprüht wird

Die Minen Cyprus Sierrita und Arsaco und das Caterpillar Trainings-Center in Green Valley (Arizona, USA)

Im November 1997 reiste ich mit Familienangehörigen nach Arizona, um die Minen von Cyprus-Sierrita und Arsaco und das Caterpillar-Vorführgelände zu besichtigen.

In der Kupfer-Mine von Cyprus-Sierrita waren 52 Muldenkipper Cat 793 und vier Cat 789 zu sehen. In dieser Mine sind auch einige P&H-Seilbagger und ein P&H-Hydraulikbagger eingesetzt. Bei den Baggern handelt es sich um einen P&H 4100, einen P&H 4100A mit 43 m^3 und einen P&H 2250A mit Hochlöffel. Dieser 2250A hat in einem Jahr im Betrieb eine Wegstrecke von 400 Meilen zurückgelegt. Um die Staubentwicklung möglichst gering zu halten, wird das Abbaugut vor den Baggern mit Wasser besprüht. Die Mine hat oben eine Öffnung von 3,5 x 3,5 km und eine Tiefe von rund 400 m. Neben dem bestehenden Abbaubereich wird ein zweiter Bruch mit einem Durchmesser von 2 km geöffnet. Am Ende der Arbeiten, ungefähr im Jahr 2020, wird die Mine eine Öffnung von 5,5 x 5,5 km haben, die wieder verfüllt

Ein P & H 4100 bei der Reparatur der Schaufel und eines E-Motors. In der Bildmitte ist meine Frau, um die Größe der Maschine darzustellen

werden muß. Die Mine beschäftigt 962 Arbeiternehmer, die Produktion beträgt 112.000 Tonnen pro Jahr. Die im Abbau und Materialtransport eingesetzten Maschinen werden über das Modular-Mining-System gesteuert.

In der Mine der Firma Arsaco besichtigten wir die Aufbereitungsanlagen für Kupfer.

Im Caterpillar-Trainings-Center in Green-Valley wurden verschiedene Maschinen vorgeführt, wobei ein Cat 5230 mit Satellitenverbindung am meisten faszinierte. Auf diesem Bagger war ein Computer installiert, auf dessen Monitor der Bagger und die Abbaufläche zu sehen waren. Bewegte sich der Bagger, war dies auch am Monitor im Bagger und am Monitor im Büro zu sehen. Nach Arbeitsende konnte der Mitarbeiter im Büro genau feststellen, wieviel Tonnen Material vom Bagger bewegt wurden, und wieviel Tonnen Material noch zu bewegen waren.

Außerdem waren bei Cat unter anderen noch ein Bagger 5130, ein Grader H24 und ein Radlader 994 zu besichtigen und zu testen.

P&H 4100 A
- 1.202.900 kg Eigengewicht ■3,23 kg/cm³ Bodendruck
- 34,4-61,2 m³ Schaufelinhalt ■4.160 oder 7.200 V 3 Phasen 60 Hz geforderter Strom

P&H 2250 A
- 352.444 kg Eigengewicht ■13,7-24,0 m³ Schaufel- oder Tieflöffelinhalt
- Motor Caterpillar 3516 ■2000 PS

Cat 5130 B
- 176.000 kg Eigengewicht ■7,8-13,6 m³ Schaufel- oder Tieflöffelinhalt
- Motor Caterpillar 3500 ■815 PS

Cat 24 H
- 59.366 kg Eigengewicht ■7.300 mm Schildbreite ■15.802 mm Länge
- Motor Caterpillar 3412 E ■500 PS

Ich stehe vor der Schaufel des P & H 4100

Ein P&H 2250 belädt einen Cat 793 B mit Erz. Dieser Bagger wird von einem Dieselmotor angetrieben

Ein zweiter P&H 4100 A belädt links und rechts die Cat 793 Kipper

Cat 5130 B

Cat 793 C, in der Felge ist meine Schwester zu sehen

Cat 994 mit meinem Schwager. Die Probefahrt mit dieser riesigen Maschine war ein Erlebnis

Der Cat 24 H ist der größte Grader der zur Zeit gebaut wird

Cat D11R mit meiner Frau

Beim Aufstieg auf den 5230 stellte sich heraus, daß die anderen Personen noch nie auf einer solchen Maschine waren. Sie sind Ärzte und haben einem der größten Bauunternehmer der Welt das Leben gerettet. Aus diesem Anlaß zeigte er ihnen, mit welchen Maschinen und Projekten er seinen Lebensunterhalt verdient

Uralmash EKG 5A in Rumänien. Diesen EKG hätte ich nicht sehen dürfen (angeblich wegen der Hochtechnologie in dem alten Zementwerk), aber Freunde haben einen geheimen Eingang in den Steinbruch gefunden

Dieser Bagger hob das Material aus dem Wasser und ein weiterer auf das normale Niveau

Ein Schwimmbagger von einem unbekannten Hersteller

Im Januar 1998 reiste ich für einige Tage nach Rumänien, um mir Betriebe anzusehen. Bei meinen Besichtigungen entdeckte ich in einem Kalksteinbruch einen Uralmash-Bagger EKG 5A, ein sehr verbreitetes Gerät in der ehemaligen Sowjetunion und deren Satellitenstaaten. Die Produktionsvereinigung Uralmash baut seit etwa 50 Jahren Schreitbagger und Seilbagger mit Hochlöffel.

In einer Kiesgrube traf ich auf einen Schwimmbagger, der das gewonnene Material in eine Schute förderte. Diese Schute transportierte das Material zu einem Nobas-Bagger, wo es verkippt wurde. Der Nobas-Bagger förderte das Material wieder aus dem Baggersee und weiter zur Aufbereitung ins Kieswerk. Parallel zum Nobas-Bagger war auch ein etwa 30 Jahre alter Uralmash-Bagger eingesetzt. Diese beiden Bagger wurden noch während des kommunistischen Regimes auf Strombetrieb umgerüstet. Die Begründung dafür war: Dieseltreibstoff kann aus den Lagertanks beziehungsweise aus den Geräten gestohlen werden, Strom aber nicht.

Terex 82 - 80

Bei einer Tour am 3. August 1998 habe ich bei der Firma Lafarge-Zement in einem deutschen Steinbruch eine Terex 82-80 Schubraupe besichtigt. Es handelt es sich dabei um ein zweimotoriges Gerät, wobei jeder Motor für den Antrieb einer Kette zuständig ist. Die Entwicklung dieses Gerätes geht auf die Euclid TC12 Raupe zurück. Euclid war ursprünglich Teil des General-Motors Konzerns. Auf Grund der gesetzlichen Lage in den USA mußte GM die Euclid-Muldenkipperabteilung verkaufen. So ist die Euclid Raupen- und Radladerabteilung in die GM eingegliedert worden und die Geräte sind nun unter dem neuen Namen Terex am Markt. Die Raupe vom Typ 82-80 wurde bis 1974 produziert. Das Kuriosum an dieser Raupe sind die zwei Antriebsmotoren und der Wasser- und Ölkühler, die am Heck der Raupe vor dem Ripper montiert sind.

Uralmasch EKG 5A
- 5,20 m³ Löffelinhalt - 6.000V bei 50 Hz Stromspannung
- 196 to Einsatzgewicht incl. 40 to Gegengewicht

Terex 82-80
- 440 PS - ca. 45.000 Einsatzgewicht - 5.000 mm Schubschildbreite
- 1.700 mm Schubschildhöhe

Terex 82 - 80

Gut zu sehen: der einzigartige Ripper

Kennecott-Bingham-Canyon-Copper-Mine Utah (USA)

Im September 1998 reiste ich in die USA, um mir dort einige Betriebe anzusehen, wobei der Schwerpunkt bei Sand- und Kieswerken, Transportbetonwerken und Erdbewegern lag. Die interessanteste Besichtigung war die der Kennecott-Bingham Canyon-Copper-Mine nahe Salt-Lake-City. Diese Mine kann auch von jeder Privatperson besichtigt werden. Dafür gibt es am Berg ein übersichtlich angelegtes "Visitor-Center". Von dort hat man einen sehr guten Aus- und Überblick über die Mine. Diese Mine ist das größte je von Menschen geschaffene Loch im Erdboden. Sie ist etwa 5,5 km lang, 5,5 km breit und im Mittel ungefähr 1000 m tief. Sie hat aber nicht die größte Ergiebigkeit bei der Kupferproduktion in der Welt. Hier sind die Chuquicamata in Chile und Morenci und Chino in den USA bei weitem ergiebiger. In dieser Mine sind 52 Cat 793 B und C zu sehen, welche von vier P&H 4100 A, fünf P&H 2800 XP und XPA und einem Cat 994 Lader beladen werden.

Von den fünf P&H 2800 waren zwei Maschinen etwa 20 Jahre alt, wobei eine Maschine zur Zeit von P&H-Mine-Pro-Service wieder neu aufgebaut wird. Die neuen Bagger haben zwei Kabinen, wobei die Fahrer immer in der Kabine sind, die von der Abbauwand abgewandt ist. Dies geschieht hauptsächlich aus Sicherheitsgründen, damit die Fahrer nicht von herabfallendem Material verletzt oder verschüttet werden. Die Straßen werden von zwei D 11 N und zwei Gradern 24 H instand gehalten.

Die Regierung von Utah hat den Minenbetreibern vorgeschrieben, gegen die Staubentwicklung Wasser aufzusprühen. Aus diesem Grund wurden aus zwei älteren Cat 789 und einem UnitRig MK 36 Wassersprühfahrzeuge gebaut. Die Mine pumpt 12.000 l Wasser pro Minute aus ihrem Sohlbereich, damit kein See entsteht.

Ein Cat 793 C Kipper kostete etwa 1,9 Mio. US-Dollar und hat dort eine Lebensdauer von rund 60.000 Stunden. Danach wird er verkauft oder verschrottet. Ein Reifen für einen Cat 793 C kostet etwa 12.000 US-Dollar, für einen Cat 994 etwa 34.000 US-Dollar. Acht Frauen sind als Maschinistinnen auf Kippern beschäftigt, eine weitere Frau bedient ein P&H Bohrgerät. Die Kipper in der Mine fahren rechts und nicht wie üblich links, dies hat einen besonderen Hintergrund, der mit der Nähe zur Stadt Salt-Lake-City zusammen hängt. Sollte jemand einmal in die Nähe von Salt-Lake-City kommen, ist der Besuch dieser Mine unbedingt zu empfehlen.

Man kann hier den Verlauf der Straße sehen und auch die Sohle mit den älteren P&H Maschinen, die Cat 793 beladen

Ein P & H 4100 A mit Doppelkabine beim Beladen eines Cat 793 mit Kupfererz

Auch in einer großen Mine herrscht reger Verkehr

Danksagung

Ich möchte mich bei allen beteiligten Personen und Firmen bedanken, die an meinen Besichtigungen mitgewirkt haben. Mein besonderer Dank gilt meinen Eltern, meiner Frau und Tochter, denn diese mussten oft auf die volle Aufmerksamkeit verzichten, wenn eine neue Reise vorbereitet wurde.

Baumaschinen der Zukunft

– wo sind sie geblieben?

von Heinz-Herbert Cohrs

Einige Leser werden möglicherweise die fünfziger und sechziger Jahre schon bewußt miterlebt haben, vielleicht als Schüler oder als Lehrlinge, die damals noch nicht Azubis hießen. Damals war man der Technik gegenüber sehr aufgeschlossen, alles schien möglich, und aus vielen zeitgenössischen Publikationen strömte eine wahre Technik-Euphorie.

Über welch seltsame Ausblicke in die Zukunft durfte in jenen Jahren gestaunt werden: Es sollte, besonders im ewig fern erscheinenden Jahr 2000, atomgetriebene Züge und Baumaschinen geben,

Raketenverbindungen für Interkontinentalflüge in einer knappen halben Stunde mit Landeplätzen auf Wolkenkratzern im Stadtzentrum, automatisch gesteuerte Pkw und Lkw auf Autobahnen und Fernstraßen, riesige Schutzkuppeln über Städten zur Klimaregulierung, zwischen Großstädten mit Überschallgeschwindigkeit verkehrende Druckluft-Röhrenbahnen.

Der Verfasser hätte sich jetzt seinen Kaffee aus einer vollautomatischen Küche geholt, wo die Hausfrau (an Hausmänner dachte damals niemand) ähnlich wie in einer Kommandozentrale auf einem Drehsessel walten und schalten würde.

Die Mondlandung 1969 versetzte den Zukunftsträumen einen neuen Schub: Nun tauchten plötzlich hübsch gemalte Bilder von Fahrzeugen und Maschinen aller Art auf, die sich auf fernen Planeten betätigten. Die "Eroberung des Weltraums" und der damit verbundene Bau von Stationen auf dem Mond und den Planeten hätte nach den Vorstellungen von Utopisten und mutigen Werbedesignern anscheinend allerlei ebenso merkwürdige wie erstaunliche Maschinenentwürfe verlangt.

Doch das Jahr 2000 ist vorbei, die Gelegenheiten sind verpaßt – wohl eher glücklicherweise! Das neue Jahrhundert und Jahrtausend liefert uns jedoch einen

Das Wundermittel "Atomkraft" sollte auch zukünftige Baumaschinen antreiben – wurde 1955 noch fleißig geträumt. Der sowjetische Muldenkipper MAZ-525 des Minsker Autowerkes, "Eiserner Bison" genannt, trug 25 t Nutzlast und war angeblich dafür ausersehen, das erste "Atomauto" der Welt zu sein. Die Zeichnung zeigt eine dreiachsige Phantasieversion des ursprünglich zweiachsigen 300-PS-Kippers.

Obwohl die Riesenmaschinen von R.G. LeTourneau schon futuristisch genug waren, begnügte sich der Amerikaner nicht mit der Realität und entwarf noch größere und leistungsfähigere Maschinen: So stellte man sich Ende der fünfziger Jahre einen 100 short tons (91 metr. t) ladenden, diesel-elektrisch angetriebenen Seitenkipper vor, der mittels Zahnkranz und E-Motoren knickgelenkt gewesen wäre.

In Weiterentwicklung des dreirädrigen "Short Lever Shovel" SL-10 (siehe "Jahrbuch Baumaschinen 2001" S. 139) entstanden 1962 Pläne für einen vierrädrigen, zahnstangenbetätigten Riesenlader mit 15 m³ Schaufelinhalt, der hier einen ebenfalls nur auf dem Papier existierenden LeTourneau-Dreiradkipper TTR-60 mit 70 short tons Nutzlast beladen hätte.

willkommenen Anlaß, Rückschau in das vergangene 20. Jahrhundert zu halten, besonders in seine ach so moderne 2. Hälfte mit ihren futuristischen Technikträumen.

Was wurde aus den Baumaschinenentwürfen jener fortschrittlichen Zeit? Zukünftige Baumaschinen – der Bagger "2000" – sollten aus damaliger Sicht möglicherweise schon atomgetrieben sein. Nicht selten wurden in diesem Zusammenhang Baumaschineneinsätze auf dem Mond oder gar auf fernen Planeten dargestellt.

Doch all diese Visionen hielten der Wirklichkeit nicht stand: Umweltprobleme rückten ins Blickfeld, Atomkraft war nicht ganz so leicht zu handhaben wie gewünscht, herkömmliche Benzin- und Dieselantriebe zeigten ebenfalls umweltschädliche Schwächen. Daher wurde stattdessen der Optimierung der Motoren und Antriebsstränge alle Aufmerksamkeit gewidmet. Und gerade hier wirkten Mikroelektronik, Computer und neue Forschungsmethoden wahre Wunder.

Über die "Baumaschine 2000" wird gelächelt

Wie weit in der Zukunft schien in den fünfziger und sechziger Jahren das magische Jahr 2000 zu sein – und heute ist es vertraute Vergangenheit. Damals lag die Jahrtausendwende noch in sicherer Entfernung, so daß Prognosen und wagemutige Entwürfe zu praktisch jedem Thema in munterer Folge aufgestellt wurden.

1955 war der sowjetische 25-t-Muldenkipper MAZ-525 als erstes Fahrzeug überhaupt für eine atomare Antriebsversion vorgesehen. Der Amerikaner R. G. LeTourneau plante Ende der fünfziger Jahre atomgetriebene Geländetransporter und Bergbaufahrzeuge. Weserhütte präsentierte anläßlich des 125-jährigen Jubiläums im Jahre 1969 einen Entwurf eines hypermodernen Baggers, selbstverständlich mit der Typbezeichnung HW 2000. Heute regen all die vielen Entwürfe zum Schmunzeln an, damals wäre das jedoch eine Beleidigung von langweiligen Fortschrittsfeinden gewesen.

Deshalb sind wir heute vorsichtiger geworden: Zu viele der "Jahr-2000-Entwürfe" sind nicht eingetreten, stattdessen haben wir andere, damals gänzlich unerwartete Veränderungen erlebt wie beispielsweise Elektronik und Computertechnik sowie gesteigertes Umweltbewußtsein. Niemand möchte sich blamieren, und so tauchen Pläne und Entwürfe für die Baumaschinen der Jahrzehnte ab 2020 oder 2030 kaum noch auf.

Wieder ein Blick in die Zukunft

Seit nunmehr 165 Jahren begleiten uns von Motorkraft angetriebene Baumaschinen, und mit einiger Sicherheit werden sie auch im neuen Jahrhundert und Jahrtausend wertvolle Dienste für uns leisten. In den vergangenen 30 oder 40 Jahren durchfuhren Baumaschinen vehement Veränderungen aller Art, mehr als im gesamten Zeitraum davor – wird dies so bleiben? Werden Baumaschinen des neuen Jahrhunderts den uns vertrauten noch ähneln oder werden gänzlich neue Maschinenkonzepte das Bild unserer Baustellen grundlegend wandeln?

Unsere Welt verändert sich rasant, und zunächst scheint dies auch auf Baumaschinen zuzutreffen. Doch bei genauerer Betrachtung hat sich gar nicht so viel gewandelt: Bagger füllen nach wie vor ihre Tief- oder Hochlöffel, Seilbagger werden weiterhin benötigt und sind keineswegs ausgestorben, Radlader schieben ihre Schaufeln ins Haufwerk oder arbeiten, wie auch schon in den 50er Jahren längst bekannt, mit zahlreichen Anbauausrüstungen, Planierraupen mühen sich hinter dem Schild ab, Walzen rollen im Zeitlupentempo hin und her.

Zwar gibt es einige mehr oder weniger neue Maschinengattungen wie Teleskopmaschinen, Kaltfräsen, Minibagger und Betonverteilermasten, dennoch haben die wichtigsten Veränderungen bei der überwiegenden Zahl unserer Baumaschinen an anderer Stelle stattgefunden – hinter ihren Werkzeugen, nämlich im Innenleben, an der Elektronik, der Hydraulik, dem Antriebsstrang, und natürlich auch an den Rädern oder Raupenketten. Doch die Basiskonzepte der meisten Maschinen erschienen ideal und blieben vertraut.

Nun sind Technik und Fortschritt jedoch in den letzten paar Jahren auf nahezu beängstigende Weise in Schwung gekommen – so stark, daß sich sogar die Realität zunehmend verwischt. Gebäude, Brücken, Bauvorhaben, ganze Landschaften werden ebenso wie Fahrzeuge, Maschinen, Komponenten im Handumdrehen am Computer entworfen und mittels pfiffiger 3-D-Programme oder gar virtueller Realität begutachtet.

Eher kümmerlich wirkten die Maschinen von LeTourneau gegen den ziemlich gewagten Entwurf der kanadischen Avro Aircraft Division von 1962: Der mit 200 t Nutzlast insgesamt 540 t schwere "Big Wheel" sollte seinem Namen mit vier Rädern von 15,2 m Durchmesser alle Ehre machen. Sechszehn Benzinmotoren, jeweils vier in jedem Rad, hätten mit 12.000 PS Gesamtleistung 32 Hydraulikpumpen angetrieben, die "Big Wheel" über 48 Hydromotore hydrostatisch bis zu 56 km/h schnell bewegen sollten. In einer Version hätte sich "Big Wheel" selbst beladen, in einer anderen bei rund 8 m Wassertiefe "off-shore" direkt Schiffe mit Erz beladen und in einer weiteren einen Bohrturm durch die Wildnis fahren können.

Der riesige, 174 m lange Overland-Train von LeTourneau (siehe "Jahrbuch Baumaschinen 2001" S. 142) mit 54 spurtreu fahrenden, elektrisch angetriebenen Rädern sollte nach Plänen der US Army das erste atomgetriebene Landfahrzeug werden. Sogleich wurde über Zivilversionen spekuliert: "In den Anhängern eins bis sieben bringen Stewardessen den Reisenden das Frühstück, das der Koch bereits in der geräumigen Küche zubereitet hat... Das Antriebsaggregat ist im letzten Wagen untergebracht, durch Bleiwände abgeschirmt, wo Schilder alle Unbefugten warnen: Achtung – Strahlengefahr!"

Ausgehend vom vierachsigen Bodenentleerer 786 mit 220 t (240 short tons) Nutzlast und 25,6 m Länge konzipierte Caterpillar 1965 einen achtachsigen Tandem-Bodenentleerer mit 440 t Nutzlast für den Bauxit-Tagebau. Der mehr als 50 m lange Zug wäre von vier 960 PS starken Cat-Motoren diesel-elektrisch angetrieben worden und hätte beladen rund 630 t gewogen, wenn Caterpillar dieses Muldenkipperprogramm nicht eingestellt hätte.

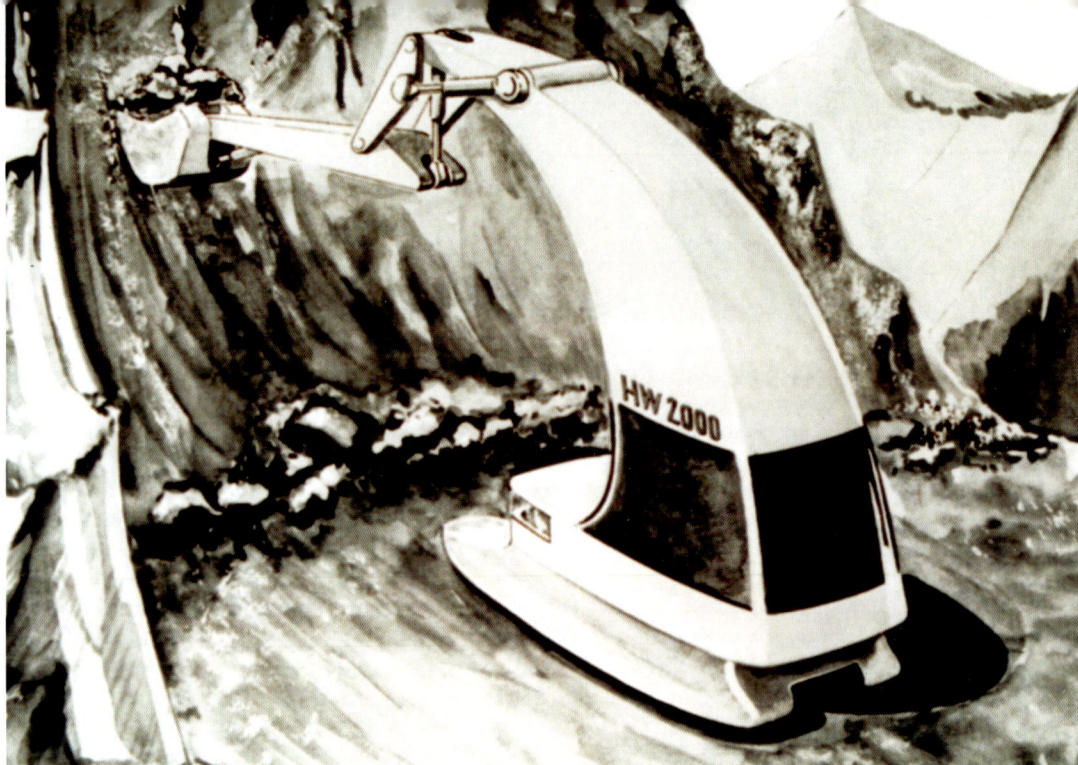

Weserhütte präsentierte anläßlich des 125-jährigen Jubiläums im Jahre 1969 einen Entwurf eines hypermodernen Baggers, selbstverständlich mit der Typenbezeichnung HW 2000. Sicher hätte man nicht im Traum daran gedacht, daß sich das Äußere der Bagger bis zum Jahr 2000 nur unwesentlich ändern würde. Auch der breite Kommandostand vorne dicht über dem Boden konnte sich nicht durchsetzen...

Aufgrund der uns jetzt nahezu endlos erscheinenden Vielfalt von Möglichkeiten werden sich Baumaschinen noch schneller als bisher verändern. Wir werden Vertrautes schneller als je zuvor hinter uns lassen müssen – und sollten mehr als je zuvor gegenüber allzu rasanten Neuheiten eine gesunde Skepsis aufbringen. Denn wie die Vergangenheit zeigte, überleben längst nicht alle Neuentwicklungen die Prototypphase.

Und schon meinen erneut einige ganz Wagemutige, wie beispielsweise Mitarbeiter des amerikanischen Rand Science and Technology Policy Institute, Prognosen für die Baumaschinenentwicklung der herannahenden Zukunft geben zu können. Dabei werden auch keine "Fast-20-Jahres-Sprünge" gescheut: Muldenkipper mit 1000 t Nutzlast werden für das Jahr 2020 prophezeit, die dazu passenden Hochlöffel-Seilbagger werden diesen Vorhersagen zufolge um 2020 Löffelinhalte von 115 m³ haben, was rund 250 t Löffelnutzlast gleichkommt. Also würden vier Ladespiele für den 1000-t-Muldenkipper reichen.

Doch halt, eilen wir nicht zu überstürzt in die Zukunft: Wurde nicht schon vor einem Vierteljahrhundert, im Jahre 1974, ein 1000 t ladender Muldenkip-

per für 1984 vorhergeahnt? Solche Träume sind zwar spektakulär und sorgen für Aufsehen, verblassen dann allerdings auch schnell wieder.

Der liebe Gott hat uns keinen Sinn für exaktes Zukunftswissen mit auf den Weg gegeben. Kartenlegen, Astrologie, Kristallkugeln und Beschwörungsformeln mögen für die Anhänger dieser Künste magische Anziehungskraft ausüben, helfen aber auf der Reise in die Zukunft keinen Schritt weiter, sondern belasten eher durch verzerrte Hoffnungen und Wünsche. Betrachten wir also mit offenen Augen die Welt von heute, zu der wir felsenfest gehören – sie ist vielfältig und faszinierend genug, oder?

Wo wir tatsächlich futuristische Baumaschinen finden können, liegt auf der Hand: Um uns herum, denn schließlich haben wir vor gar nicht langer Zeit das Jahr 2000 durchquert. Was hätten die Bauleute der fünfziger Jahre gestaunt, nach einem halben Jahrhundert Zeitreise plötzlich vor den "Baumaschinen der Zukunft" zu stehen, die von uns kaum beachtet hier und heute arbeiten.

Bei Massey-Ferguson, damals mit Baumaschinen auch in Deutschland vertreten, glaubte man 1969 an die breite Nutzung und Besiedlung der Meeresböden: "Heute noch erdgebunden, werden die 'gelben Wühler' schon in naher Zukunft beim Bau von Unterwasserstädten helfen. Erdbewegungsmaschinen können den Meeresboden planieren, Täler auffüllen und Dämme aufschütten, um kalte oder reißende Unterwasserströmungen abzuleiten."

Zu Beginn der siebziger Jahre beschäftigten sich alle namhaften US-amerikanischen Muldenkipperhersteller mit der Nutz-lasthürde von 200 short tons (181 metr. t). Bei Dart wurde 1970 ein solcher Riesenkipper mit zwei lenkbaren Vorderachsen und einer konventionellen Hinterachse entworfen. Die außergewöhnliche Radanordnung blieb in der Schublade stecken.

Mutig zeigte man sich auch bei IHC (International Harvester Corp.), die in den fünfziger bis siebziger Jahren zu den größten Baumaschinenherstellern weltweit zählten. Utopische Radlader sollten – ebenso wie der Kettendozer im Hintergrund – fahrerlos, aber ferngesteuert arbeiten. Das Design erinnert an eine Mischung aus Balgenkamera und Lüfterschacht...

Mit einem futuristischen Postermotiv wollte Demag in den Vereinigten Staaten auf die zukünftige Entwicklung der Groß-hydraulikbagger aufmerksam machen: Winzig erscheinen auf dem Mond – oder gar auf einem fernen Planeten – die vier Astronauten vor dem fiktiven H 671. Die außergewöhnlich dünnen Hydraulikzylinder lassen vermuten, daß bei diesem Einsatz eine sehr viel geringere Graviationskraft als auf der Erde herrscht...

Auch für Putzmeister erschien der Weltraum und die Besiedelung des Mondes attraktiv, so daß mit futuristischen Betonpumpen und Verteilermasten für eine neue Betonpumpen-Technologie geworben wurde. Sicherlich hätte das Abbinden des Betons ohne Sauerstoff und bei nur 1/7 der irdischen Schwerkraft ebenfalls allerlei neue Verfahren erfordert.

Bei Hitachi kündigte man Mitte der achtziger Jahre
mit solchen futuristischen Baggern an, "auch
in der Zukunft Berge zu versetzen". Wie sich dies nach
der bevorstehende Abtrennung von Fiat-Hitachi in
Europa zum eigenständigen Anbieter gestalten wird,
werden die nächsten Jahre zeigen.

Inzwischen schon etwas weniger mutig, dennoch unverdrossen, wurde bei IHC (International Harvester Corp.) auch 1987 die Zukunft im Auge behalten: Winzig klein erschien in einem Anzeigen-Beihefter das Bild eines futuristischen Kettendozers, Radladers und vierachsigen Muldenkippers. Sicherheitshalber sitzen nun – im Vergleich zum früheren Entwurf –wieder Fahrer in allen Maschinen!

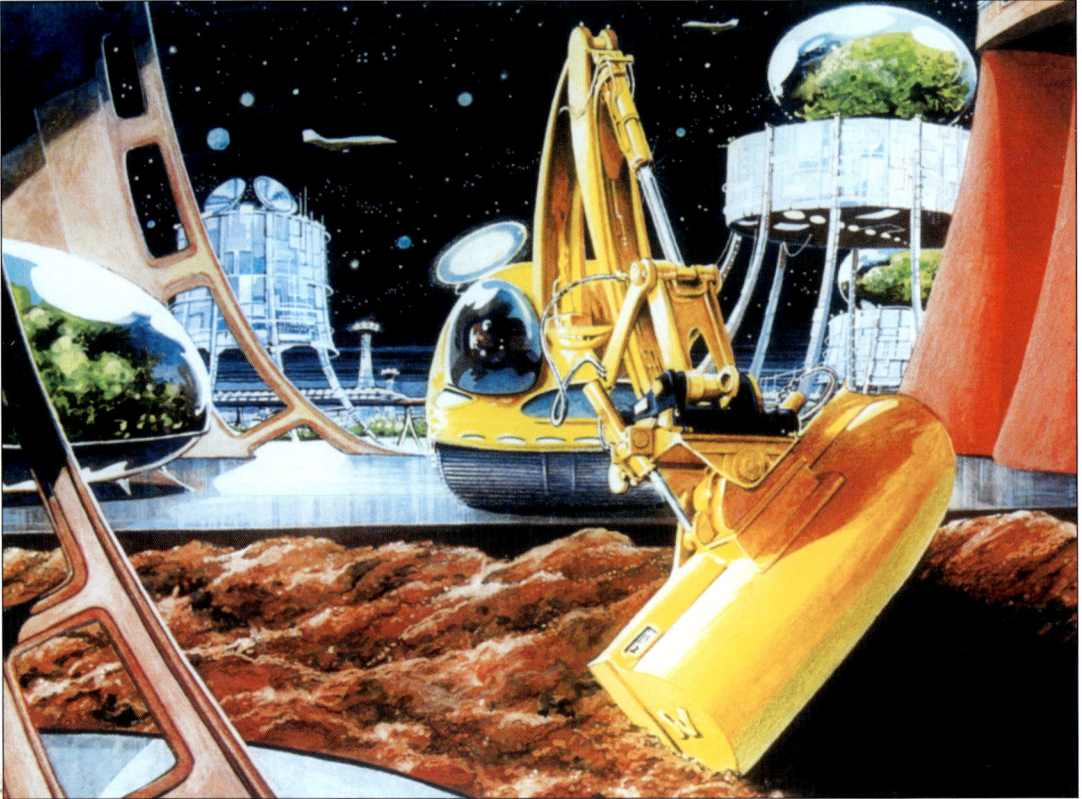

Verachtert, namhafter niederländischer Hersteller von Schnellwechslern und Anbauausrüstungen, präsentierte einen interessanten Bagger mit recht konventioneller Auslegerpartie, der umgeben von galaktischer Architektur fern der Erde arbeitet. Außergewöhnlich ist der Unterwagen des Baggers mit Luftkissen oder Raupenketten über die gesamte Breite.

Langsam nähern sich die futuristischen Entwürfe der "Zukunft aus gegenwärtiger Sicht" an: JCBs Vision eines hochmodernen Baggerladers mit schwenkbarer Rundsichtkanzel, Teleskop-Löffelstiel am Heckbagger und Einzelhubarm der vorderen Schaufelausrüstung. Auch die Stützen sollen mehrfach teleskopierbar sein.

Weitere empfehlenswerte Bücher des Podszun-Verlags

Fordern Sie kostenlos und völlig unverbindlich unseren neuen Prospekt an mit Büchern über:

- ■ Lastwagen
- ■ Motorräder
- ■ Autos
- ■ Traktoren
- ■ Feuerwehrfahrzeuge
- ■ Baumaschinen

Verlag Podszun-Motorbücher
Postfach 1525
D-59918 Brilon
Fax 02961 / 2508

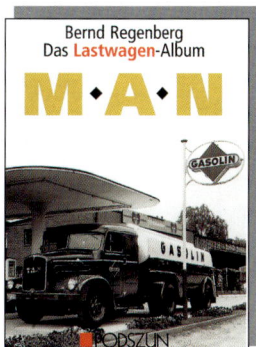

Bernd Regenberg
Das **Lastwagen**-Album
M·A·N

240 Seiten, ISBN 3-86133-274-4
22 x 28 cm, fester Einband
EUR 44,90

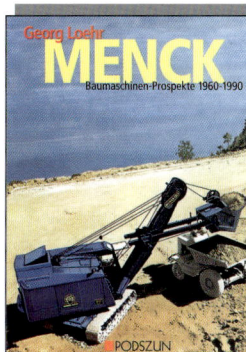

Georg Loehr
MENCK
Baumaschinen-Prospekte 1960-1990

144 Seiten, ISBN 3-86133-238-8
22 x 29 cm, fester Einband
EUR 19,90

Heinz-Herbert Cohrs
O&K
Seilbagger-Prospekte

144 Seiten, ISBN 3-86133-273-6
22 x 29 cm, fester Einband
EUR 19,90

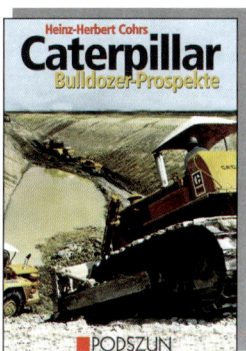

Heinz-Herbert Cohrs
Caterpillar
Bulldozer-Prospekte

144 Seiten, ISBN 3-86133-277-9
21 x 29 cm, fester Einband
EUR 19,90

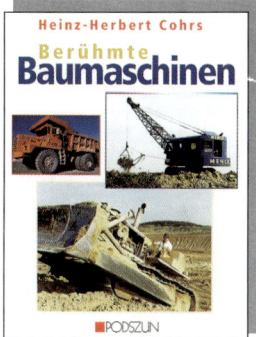

Heinz-Herbert Cohrs
Berühmte
Baumaschinen

144 Seiten, ISBN 3-86133-221-3
22 x 28 cm, fester Einband
EUR 19,90

Matthias Engel
Erdbewegungs-Maschinen Originalprospekte der fünfziger und sechziger Jahre

144 Seiten, ISBN 3-86133-222-1
22 x 29 cm, fester Einband
EUR 19,90

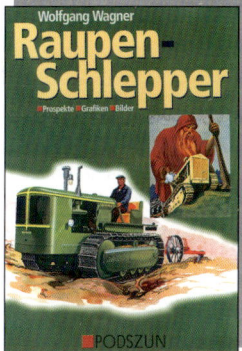

Wolfgang Wagner
Raupen-Schlepper
Prospekte ■ Grafiken ■ Bilder

144 Seiten, ISBN 3-86133-278-7
22 x 29 cm, fester Einband
EUR 19,90

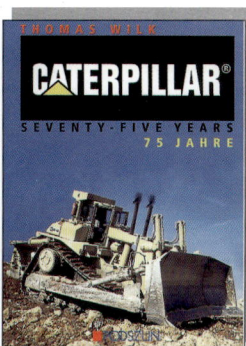

THOMAS WILK
CATERPILLAR®
SEVENTY-FIVE YEARS
75 JAHRE

260 Seiten, ISBN 3-86133-247-7
21 x 28 cm, fester Einband
EUR 34,90

Michael Schauer
Das
Schwer-transporte
Buch

144 Seiten, ISBN 3-86133-263-9
21 x 28 cm, fester Einband
EUR 19,90

Joachim Wahl & Alexander Luig
KAELBLE
Lastkraftwagen und Zugmaschinen

180 Seiten, ISBN 3-86133-207-8
21 x 28 cm, fester Einband
EUR 34,90

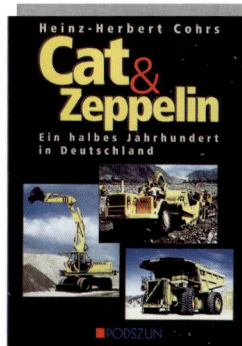

Heinz-Herbert Cohrs
Cat & Zeppelin
Ein halbes Jahrhundert in Deutschland

200 Seiten, ISBN 3-86133-242-6
21 x 28 cm, fester Einband
EUR 34,90